はじめての NeRF・3DGS
基礎から応用までの実践ガイド

岩﨑謙汰／崎山皓平／片桐敬太／進士さくら／Aster 著

NeRFの実践入門書！

インプレス

技術の泉 SERIES

目次

まえがき ……………………………………………………………………… 4

本書について ………………………………………………………………… 4

本書の構成・担当と読み方 ………………………………………………… 4

Iwaken Lab. とは …………………………………………………………… 5

免責事項 ……………………………………………………………………… 5

第1章　NeRF/3DGS とは ……………………………………………………… 7

1.1　NeRF/3DGS は自由視点画像生成技術のひとつ ……………………… 7

1.2　NeRF/3DGS による映像制作を楽しもう ……………………………… 8

1.3　NeRF による映像表現のスキルアップ ……………………………… 10

第2章　Luma AI で NeRF による動画作成を体験しよう ……………… 11

2.1　Luma AI とは …………………………………………………………… 11

2.2　Luma AI のはじめかた ………………………………………………… 12

2.3　撮影の仕方 ……………………………………………………………… 21

2.4　動画作成　（カメラワーク設定とレンダリング） ………………… 27

第3章　自由視点画像生成を学ぶ …………………………………………… 42

3.1　自由視点画像生成とは ………………………………………………… 42

3.2　自由視点画像生成の種類 ……………………………………………… 43

第4章　NeRF/3DGS の理論を学ぼう ……………………………………… 49

4.1　NeRF/3DGS 共通の仕組み …………………………………………… 49

4.2　NeRF の手法 …………………………………………………………… 54

4.3　3D Gaussian Splatting（3DGS）の手法 …………………………… 62

4.4　まとめ …………………………………………………………………… 68

第5章　Nerfstudio の環境構築しよう …………………………………… 70

5.1　Nerfstudio とは ……………………………………………………… 70

5.2　Google Colab で Nerfstudio を使ってみましょう ……………… 73

5.3　ローカル PC で Nerfstudio を動かしてみましょう ……………… 76

5.4　実際にローカル PC で Nerfstudio を動かしてみましょう ……… 77

5.5　Nerfstudio を使用して映像を出力する …………………………… 80

第6章　VolingaのNeRF/3DGSの環境構築をしよう ………………………………… 101

6.1　Volinga AIとは ……………………………………………………………… 101

6.2　Volinga AIでNeRF/3DGSをやってみよう ………………………………… 103

6.3　Unreal Engine5でNeRF/3DGSを可視化しよう …………………………… 107

6.4　NerfstudioでトレーニングしたモデルをVolingaAIで使ってみよう ……… 114

第7章　Postshotで3DGSを動かそう ……………………………………………… 119

7.1　Postshotとは…………………………………………………………………… 119

7.2　Postshotを使ってみよう ……………………………………………………… 120

7.3　Postshotで学習したデータをAfterEffectで映像を出力しよう …………… 134

第8章　Instant-NGPの環境構築しよう …………………………………………… 141

8.1　Instant-NGPとは ……………………………………………………………… 141

8.2　Instant-NGPの環境構築……………………………………………………… 141

8.3　Instant-NGPを動かしてみよう ……………………………………………… 157

8.4　カスタムデータでInstant-NGPを動かそう ………………………………… 159

8.5　Instant-NGPで映像を出力してみよう ……………………………………… 164

8.6　VRでInstant-NGPを編集してみよう ……………………………………… 176

第9章　関連技術の紹介 ……………………………………………………………… 183

9.1　High Quality ………………………………………………………………… 183

9.2　Dynamic Scene (4D) ………………………………………………………… 184

9.3　Text to 3D & 4D ……………………………………………………………… 184

9.4　Surface Reconstruction ……………………………………………………… 186

9.5　Editing ………………………………………………………………………… 187

あとがき ……………………………………………………………………………… 191

Aster …………………………………………………………………………………… 191

イワケン ……………………………………………………………………………… 191

Katagiri Keita ………………………………………………………………………… 191

さきやま ……………………………………………………………………………… 192

さくたま ……………………………………………………………………………… 192

まえがき

本書について

　本書は、技術好き学生支援コミュニティ Iwaken Lab.[1] の NeRF 好き学生メンバー 3 名と共同で執筆しました。技術書典 15 で私たちが執筆した「今日から始める NeRF 入門」をベースに、3DGS の内容を追加して拡張したものです。「NeRF/3DGS 学習初心者向けの本」をコンセプトにしており、これから NeRF/3DGS を学ぶ大学生や社会人に特におすすめです。

　今回はスペシャルサポーターとして、Katagiri Keita さんに執筆と内容の監修をお願いしました。Katagiri さんには「NeRF やってみた発表会」でゲスト登壇していただいて以降、学生メンバーへの NeRF に関するアドバイスを精力的に行っていただいています。本書の NeRF/3DGS の技術面での校正作業もしていただきました。ここで改めて感謝の意を表します。

Iwaken Lab. メンター / イワケン (@iwaken71)

本書の構成・担当と読み方

本書の構成・担当と読み方についてご紹介します。
- 第 1 章「NeRF/3DGS とは」 さくたま・Aster
- 第 2 章「Luma AI で NeRF による動画作成を体験しよう」 さきやま
- 第 3 章「自由視点画像生成を学ぶ」 Katagiri Keita
- 第 4 章「NeRF/3DGS の理論を学ぼう」 さくたま
- 第 5 章「Nerfstudio の環境構築しよう」 Aster
- 第 6 章「Volinga の NeRF/3DGS の環境構築をしよう」 Aster
- 第 7 章「Postshot で 3DGS を動かそう」 Aster
- 第 8 章「Instant-NGP の環境構築しよう」 Aster
- 第 9 章「関連技術の紹介」 Katagiri Keita
- 第 10 章「あとがき」 全員

各章は次のようにカテゴリー分けしています。読みたい内容に応じて、好きな章から読んでいただけると嬉しいです。
- 第 1 章では、NeRF/3DGS の概要と楽しみ方について紹介します。
- 第 2 章では、LumaAI を使った NeRF 体験について紹介します。
- 第 3,4 章では、NeRF/3DGS の理論的側面について紹介します。
- 第 5,6,7,8 章では、NeRF/3DGS の開発的側面について紹介します。
- 第 9,10 章では、関連研究と未来について紹介します。

1.https://iwakenlab.jp/

Iwaken Lab.とは

　Iwaken Lab.は、イワケンこと岩﨑謙汰個人が主催する「技術好き学生支援コミュニティ」です。最初は、技術に情熱がある学生を活躍させたいという想いから始まりました。ビジョンとして「バイネームで活躍する技術好きのサードプレイス」を掲げ、ミッションとして「好きな技術で社会インパクト」を目指し、各メンバーが自走的に活動しています。2021年5月にスタートし、2024年6月現在では52名のメンバーと4名の社会人メンターが所属しています。

　この1年間は、NeRF関連の活動を多数行いました。

- ・2022年10月「NeRFやってみた発表会[2]」開催。6人登壇、28名参加申し込み
- ・2023年4月「NeRF撮り方LT会[3]」開催。4名登壇。374名参加申し込み
- ・2023年4月「ゲスト: LumaAI AI葵（Aoi）さんのトーク[4]」開催。35名参加申し込み
- ・2023年5月「BBQ+Luma AIコンテスト[5]」開催。36名参加
- ・2023年5月「3Dスキャン未来IIKラジオ[6]」開催
- ・2023年9月「NeRF開発合宿[7]」開催。18名参加
- ・2023年10月「3D Gaussian Splatting ゆる勉強会 vol.0[8]」開催。81名参加申し込み
- ・2023年11月「今日から始めるNeRF入門」執筆
- ・NeRF旅実施多数

　これらは、学生メンバーによる「NeRFが好き！」「3DGSが好き！」「NeRF/3DGSという技術と表現のすごさを皆に伝えたい！」「多くの人とNeRF/3DGSについてワイワイしたい！」という気持ちから生まれています。この本の執筆も、そのための活動のひとつです。

免責事項

　本書に記載された内容は、情報の提供のみを目的としています。したがって、本書を用いた開発、製作、運用は、必ずご自身の責任と判断によって行ってください。これらの情報による開発、製作、運用の結果について、著者はいかなる責任も負いません。

　本書の内容は2024年6月19日現在の情報に基づいて執筆されています。そのため、技術の進歩や新しい情報の出現により、一部の内容が将来的に古くなる可能性があります。あらかじめご了承ください。

2.https://iwakenlab.connpass.com/event/262444/
3.https://iwakenlab.connpass.com/event/280190/
4.https://iwakenlab.connpass.com/event/280192/
5.https://note.com/iwaken71/n/nd2862bc1b533
6.https://note.com/iwaken71/n/n3f912589d1cc
7.https://note.com/iwaken71/n/na2d646e094df
8.https://note.com/iwaken71/n/na2d646e094df

第1章 NeRF/3DGSとは

担当: さくたま、Aster

1.1 NeRF/3DGSは自由視点画像生成技術のひとつ

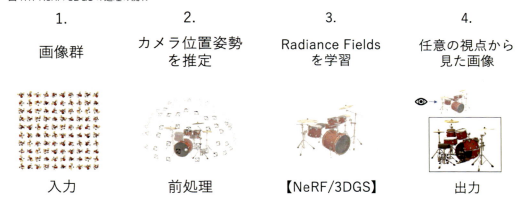

図1.1: NeRF/3DGSの処理の流れ

Neural Radiance Fields（NeRF）は、2020年にECCVというコンピュータビジョンのトップカンファレンスで採択され、Best Paper Honorable Mentionにも選ばれた技術です。この技術は、発表からわずか3年で4000本近く引用されるなど、最先端技術のひとつとして認識されています。**3D Gaussian Splatting（3DGS）**は、2023年にSIGGRAPHというコンピュータグラフィックスのトップカンファレンスで採択され、こちらもBest Paperに選ばれました。

NeRF/3DGSは、多数の画像から任意の視点から見た画像を推測する**自由視点画像生成**の技術の一種です。具体的には、多数の画像から、三次元位置をある方向から見たときの色と密度を表現するRadiance Fieldsというデータを学習します。そして、このRadiance Fieldsを利用して、新しい視点から見た画像を生成します。

動画から新たな視点の画像を生成する手順は、以下の通りです（図1.1参照）。

1. 物体を色々な方向から撮影した画像群を入力として与える
2. 画像からカメラ位置姿勢を推定する（Structure from Motion: SfM）
3. 画像とカメラ位置姿勢からRadiance Fieldsを学習する
4. 学習したRadiance Fieldsから、新たなカメラ位置から見た画像を作る

このうち、3.と4.の部分がNeRF/3DGSです。

詳しい説明は、第4章で行います。

1.2　NeRF/3DGSによる映像制作を楽しもう

　NeRFを活用することで、新たな映像表現を作ることができます。2023年1月、米国マクドナルドがTVCMとして世界ではじめてNeRFを用いた広告キャンペーンを放映したのが話題となりました。

図1.2: 米国マクドナルドのTVCMより一部抜粋

　また、2023年11月、著者のAsterが制作協力した若杉果穂さんの2nd Singleの夢見るカフカのMVにもNeRFを使用しています。以下のリンクから、若杉果穂さんの2nd Singleの夢見るカフカのMVをご覧いただけます。

　https://www.youtube.com/watch?v=f09P7VgV4Ng

　図1.3のように、人間と風景を360度さまざまな角度から映像として捉えています。こういった映像を撮るためには、ドローンでの撮影が考えられますが、NeRFによる映像作りではドローンでは通れない柵の間を通るようなカメラワークも実現可能です。

図 1.3: NeRF による映像事例 若杉果歩 2nd Single「夢見るカフカ」より抜粋

このような NeRF による映像作りを楽しむことは、**Luma AI** というサービスを使うことで、**スマホひとつ**で体験することができます。

図 1.4: NeRF 開発合宿にて、食べ物を撮影する Iwaken Lab. のメンバー

図 1.4 のように、まず対象物を囲むように動画を撮影します。この時点で緊張感があり、同時に楽

第 1 章　NeRF/3DGS とは　9

しみながら撮影できます。その動画をLuma AIのサービスにアップロードすると、NeRF動画は半分完成です。あとは、カメラワークを**後から**編集することで、新たな表現の動画を生成することができます。

これらのLuma AIによるNeRF動画作成体験の方法については、第2章で詳しく紹介します。まずは楽しむところから始めましょう。

1.3　NeRFによる映像表現のスキルアップ

Luma AIによるNeRF動画作成を体験した後、「もっといい映像を作るためにはどうすればいいのだろう？」と疑問に思うかもしれません。そのためには、NeRFの中身を理解する必要があります。そのための手段として、本書では理論と実行環境を作るというふたつの方針で情報を提供します。

理論や数式が好きで、技術背景を知りたいという方は、

・第3章「自由視点画像生成を学ぶ」

・第4章「NeRF/3DGSの理論を学ぼう」

をぜひご覧ください。

手を動かしながら理解したいという方は、

・第5章「Nerfstudioの環境構築しよう」

・第6章「VolingaのNeRF/3DGSの環境構築をしよう」

・第7章「Postshotで3DGSを動かそう」

・第8章「Instant-NGPの環境構築しよう」

を見ながら、自分のPCで実行環境を作ってみてください。新たな気づきが得られるはずです。

第2章　Luma AIでNeRFによる動画作成を体験しよう

担当: さきやま

本章の目的は、Luma AI[1]というサービスを通じて、NeRFによる動画作成を体験することです。撮影からLuma AIによる動画作成まで、次の4つの作業工程があります。

1. 撮影準備
2. 撮影
3. 動画・画像群のアップロード
4. 動画作成

それぞれの作業をおろそかにすると、きれいな動画を作成できない可能性があります。したがって、それぞれの手順を丁寧にかつ、正しく行うことが重要です。

2.1　Luma AIとは

Luma AIはLuma AI社より2022年からサービスが開始されました。Luma AIには、iOSアプリとAndroid、Webブラウザの3つの利用方法があります。Luma AIには、NeRF/3DGSのほかにも、さまざまなサービスが提供されています（本書では、iOSアプリとWebブラウザでの活用方法について解説いたします）。

1.Luma AI: https://lumalabs.ai/

図2.1: Luma AIの画面（左:iOSアプリ、右:Webブラウザ）

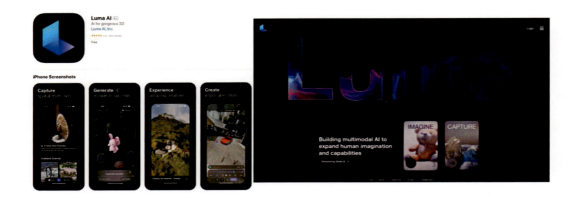

Luma AIのiOSアプリでは
・撮影
・動画のアップロード
・動画作成
を行うことができます。
Luma AIのWebブラウザでは
・動画・画像群のアップロード
・動画作成
を行うことができます。
　また、これらの工程を組み合わせることができます。たとえ、iOSアプリで撮影、動画のアップロードを行い、Webブラウザで動画作成を行うことができます。
　また、撮影に関してはLuma AIのiOSアプリだけでなく、さまざまな方法で可能です。たとえば
・iPhone/Androidの通常のカメラアプリでの撮影
・一眼レフやGoProなどカメラによる撮影
・360°カメラによる撮影
などにも活用できます。iPhoneはLiDAR付きである必要はありません。これらを踏まえて、次の節ではLuma AIのはじめかた、使い方を紹介していきます。

2.2 Luma AIのはじめかた

2.2.1 Luma AIのアカウント作成

　Luma AIを利用するためには、まずアカウントが必要です。Luma AIのアカウントの作成はiOS

アプリ、Webブラウザのどちらでも行うことができます。アカウントの作成の際にAppleもしくはGoogleのアカウントが必要です。本書では、Webブラウザでのアカウント作成の手順のみご紹介します。

- Luma AIのログイン画面（https://lumalabs.ai/dashboard/captures）にアクセスする
- それぞれのログインページに移動してサインインを行う

図2.2: Sign inの画面

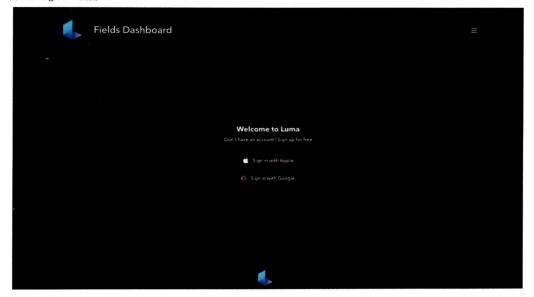

2.2.2 　Luma AIのiOSアプリのインストール方法

iPhoneでLuma AIを楽しむ場合、iOSアプリをインストールしましょう。
- OSのバージョンを16.0以降にする
- https://apps.apple.com/jp/app/luma-ai/id1615849914 にアクセス
- インストール

iOSアプリとWebブラウザ上、それぞれログイン後は次の画面になります。

図2.3: ログイン完了画面（左:iPhone、右:Webブラウザ）

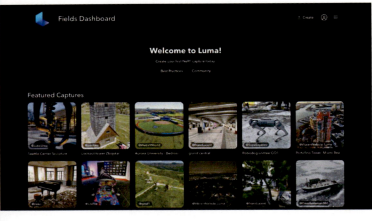

2.2.3　iOSアプリの撮影モードの紹介

　Luma AIのiOSアプリには、3種類の撮影モードがあります。
・OBJECTモード:対象の物体を撮る際にARのナビゲーションにしたがって撮影を行うモード
・SCENEモード:ARのナビゲーションなしで対象の物体だけでなく周辺の風景の撮影を行うモード
・UPLOADモード:あらかじめ撮影した動画をアップロードするモード
　このうちのUPLOADモードは、アプリ内で撮影するのではなく、通常のカメラアプリなどで別途撮影したい場合に使用します。撮影した動画ファイルをローカルに残しておきたい場合に便利です。
　筆者としては、はじめて触れる方はOBJECTモード、撮影に慣れた方はSCENEモードの使用をオススメします。

図2.4: それぞれのモードの画面（左:OBJECT、中:SCENE、右:UPLOAD）

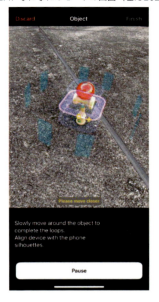

2.2.3.1 OBJECTモードによる撮影

こちらでは、OBJECTモードの説明をしていきます。

図2.5: OBJECTモード（1）

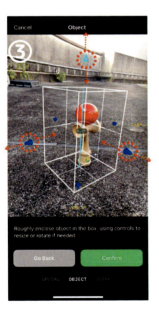

　OBJECTモードは、図のように物体を認識し、ARガイドにしたがって対象を囲い込むように高さを変えて、3周回って撮影を行うモードです。次の手順に沿って撮影を行っていきます。

第2章　Luma AIでNeRFによる動画作成を体験しよう　　15

- ①画面に物体を表示し物体をタップします
- ②キューブが出てきます
- ③キューブを物体に合わせてキューブのサイズを調整します

図2.6: OBJECTモード（2）

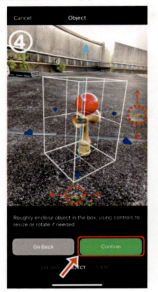
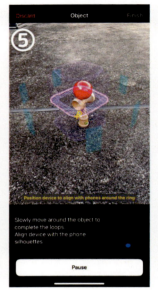

- ④右側と下側の目盛りをスライドさせると、高さや角度も調整することができます、範囲の調整が確定したら「Confirm」を押します
- ⑤調整したサイズに合わせて画面上にARのナビゲーションが出てくるので、ナビゲーションにしたがって端末を近づけて撮影をします
- ⑥ARガイドにしたがって撮影を終えますと、自動で動画がアップロードされてLuma AI上でNeRF/3DGSの処理がはじまります

OBJECTモードの説明は以上です。

次に、SCENEモードの説明を行っていきます。

図 2.7: SCENE モード（1）

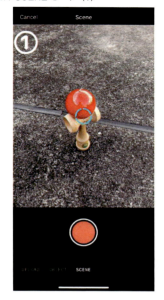

2.2.3.2 SCENE モードによる撮影

こちらでは、SCENE モードの説明をしていきます。SCENE モードは、図のように、OBJECT モードとは異なり自由に撮影ができるモードです。画面には撮影したカメラ位置が表示されます。次の手順にそって撮影を行っていきます。

- ①SCENE モードの録画ボタンを押して撮影を開始します
- ②撮影画像が下部に追加されていきます
- ③撮影位置を確認しながら抜け漏れなく撮影を行っていきます

図 2.8: SCENE モード（2）

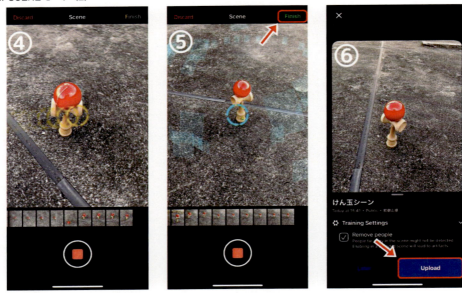

- ④注意点：真ん中の丸が黄色になると、映像がブレしまっている状態なので、青色になるようにゆっくりカメラを動かしましょう
- ⑤撮影が終わったら右上の「Finish」を押します
- ⑥「Upload」を押します

SCENE モードの説明は以上です。

2.2.4　Luma AI への動画アップロードの方法

2.2.4.1 iOS アプリの OBJECT モード・SCENE モード

前述したように、iOS の OBJECT モード・SCENE モードは撮影が終わった後に「Upload」ボタンを押すと、アップロード処理が走ります。

図2.9: UPLOADモード

2.2.4.2 iOSアプリのUPLOADモード

UPLOADモードは、Luma AIアプリによる撮影ではなく、通常のカメラアプリや一眼レフなどのカメラによる動画撮影など、任意の動画データをアップロードできます。

動画を選択して、タイトルを入力することで、自動的にアップロードされます。回線状況によりますが、アップロードには数十分ほど時間がかかる場合があります。

図2.10: Web上でのアップロード方法

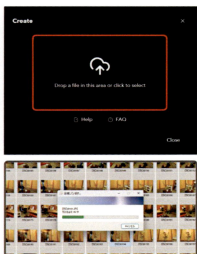

第2章 Luma AIでNeRFによる動画作成を体験しよう 19

2.2.4.3 Webブラウザでのアップロード

Webブラウザでのアップロード方法は、次の図のとおりです。

Webブラウザの Your Captures(https://lumalabs.ai/dashboard/captures) のページから「Create」を選択し、アップロードができます。

Webブラウザからは
- 画像の連番画像（zip形式に圧縮）
- 動画（.movもしくは.mp4）

どちらもアップロード可能です。ただし、データサイズは5GB以内に収める必要があります。

図2.11: アップロード設定画面

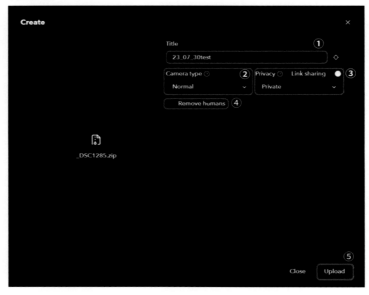

2.2.4.4 入力項目

アップロードの前には、次のような入力画面があります。
- ①タイトル
- ②カメラタイプ（360°カメラや広角のカメラを使用した場合は変更しましょう）
- ③公開設定（表参照）
- ④動画内の人物を消去するかどうか
- ⑤アップロード

図 2.12: 公開設定

項目	説明
Public with remix	誰でも再撮影や関連アセットのダウンロードが可能
Public	キャプチャを誰でも見ることができ、共有することが可能
Private with sharing	リンクがあれば誰でもキャプチャを見たり共有可能
Private	このキャプチャは自分だけが見ることができ、共有することはできない

これで、Luma AIへのアップロードについては以上になります。

2.3 撮影の仕方

本節では実際の撮影方法についての説明します。NeRF/3DGSのための撮影方法は、従来の3Dスキャンの撮影方法と根本的な考え方は同じです。従来の3Dスキャンの撮影方法についてiwamah氏より、「【初心者向け】iPhone 3Dスキャンパーフェクトガイド[2]」が公開されていますので、ぜひ読んでみてください。本節では、私なりの経験や視点から基本的な撮影の仕方について説明します。

2.3.1 撮影機材の準備

撮影機材のチェックリストは、次の図のとおりです。本格的に撮影する際は三脚や腕章、照明機材などがあるとよいですが、今回は「旅先や外出先で最低限かつ、安心して長時間の撮影するために必要な準備」についてお伝えします。

---

2. 【初心者向け】iPhone 3Dスキャンパーフェクトガイド: https://note.com/iwamah1/n/n48a549845ae3

図 2.13: 撮影の準備

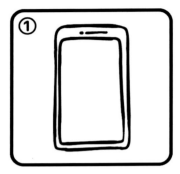

- ①撮影用カメラ （iPhone、iPad、Android、GoPro カメラなど好みのものをひとつ以上）
- ②カメラ用モバイルバッテリー
- ③その他充電機材（充電コードなど）

基本的には①の iPhone などの撮影用カメラのみで撮影が可能ですが、旅先などで長時間外に出るような場合は、モバイルバッテリーや充電コードは忘れないようにしましょう。

2.3.2 撮影対象の観察

旅先や外出先で面白いオブジェクトをみつけたときや、食事が提供されたとき、「Luma りたいな」と思い立つことがあります。こういった場合、「とりあえず」で対象にカメラを向けてしまうと、うまく NeRF/3DGS の処理ができなかったり、仕上がりがうまくいかなかったりして、確認したときに落ち込むことがあります。この節ではこういったことが起きないように、「対象の観察」について説明します。撮影対象のチェックリストは次のとおりです。

図2.14: 対象の観察

- ①サイズ（大きい/小さい）
  —撮影する対象によって撮影方法や足運びが変わってきます。まずは対象のサイズから確認してみましょう。
- ②質感（ツルツル/ざらざら）
  —ざらざらなものは比較的撮りやすかったり、ツルツルしたものは背景が反射するので撮りづらかったりします。対象の質感も撮影前に確認しましょう。
- ③自分の荷物が撮影の邪魔になるところにないか
  —撮影を始めると、自分の荷物や小さいゴミがあることに気づいて、撮影を中断し、十分な撮影ができなくなる場合があります。撮影の対象だけでなく、対象の周辺に何があるかも確認しましょう。
- ④周りに人がいないか
  —③番と同様に、人の映り込みは仕上がりに大きく影響が出ますので、映り込みを避けたい場合は周りに人がいないかや、人の往来が多いかどうかなども確認しましょう。
- ⑤⑥（屋外なら）天気
  —撮影時の天気は曇りがオススメです。晴れている場合は影が発生するのでカメラの自己位置推定に影響がでたり、直射日光によるフレアが発生しボヤっとした仕上がりになる場合があります。
- ⑦（室内なら）照明の位置と外光の有無
  —室内で撮影を行う際も光には要注意です。食べ物を撮影する際に自分の手が影になってしまい、仕上がりが思っていたよりも暗くなってしまう場合があります。撮影前に「手をかざす」などをして影が対象に隠れるかどうかを確認しましょう。
- ⑧足元に段差はないか

—これは広い空間を撮影する際の注意点です。撮影中にカメラの画面に集中していると、足を踏み外したり人とぶつかったりしてしまうことがあり大変危険です。撮影前の確認と撮影時にも、周りには十分注意しましょう。

2.3.3 撮影の方法/注意点

この節では、実際に撮影する際のオススメの撮り方や、注意点について説明していきます。

図2.15: 撮影方法と注意点

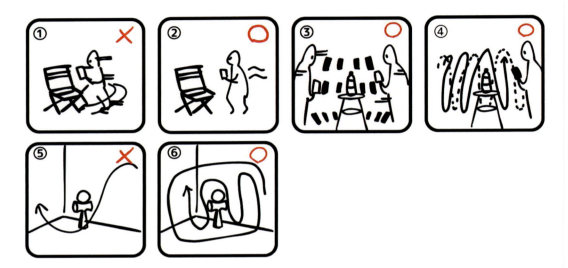

- ①②移動スピードについて
  —撮影の際の移動スピードですが、できる限りゆっくりと移動し撮影しましょう。速く動いて撮影すると、動画がぶれてしまう場合があります。
- ②3段階での撮影
  —2章での説明と同様、OBJECTモードのように、3段階（上・中・下）の高さに分けて撮影を行う方法がオススメです。
- ③上下しながら一周しての撮影
  —もうひとつの撮影方法として、上下に移動しながら対象を回るという方法も同様にオススメです。撮影時間が限られている場合には効果的です。
- ⑤⑥ざっくり撮らない
  —こちらは撮影時の注意点ですが、どうしても撮影時間が短い場合、急いでざっくりと撮影してしまう場合がありますが、品質に悪影響になりますので、ゆっくり時間をかけていろんな高さ、方向から対象を撮影するように心がけましょう。

2.3.3.1 空間を撮影する場合

図 2.16: 広い空間

こういった空間を撮影する場合は、より足運びに注意しなければなりません。

図 2.17: 広い空間足運びの例

次の図のように、撮影したい対象の周りを十分に歩ききることを意識しましょう。より広い空間を撮影する場合もあります。撮影に入る前に取りこぼしがないように、どこを通るかについて事前にシミュレーションしておくこともオススメです。

図 2.18: 時間の経過による影の発生について

2.3.3.2 時間経過による撮影環境の変化

　撮影の際には、影の移動や発生に関しては注意しましょう。とくに、時間経過による影の移動は大きく品質に影響を与えますので、できる限り短時間で撮影するように心がけましょう。また、夜間にライトアップされたり、物や設備が設置されたりするなど、時間経過によるさまざまな状況の変化が考えられますので、事前に確認しておくように心がけましょう。

図 2.19: 高低差のある空間の撮影の注意点

2.3.3.3 高低差のある空間

また、広い空間で撮影をする際に、階段など高低差がある場所を撮影したいときがあります。そのときは、写真の赤矢印のようにひとつの方向からだと十分に撮ることができません。きちんと往復をして（青矢印方向）きちんと両方の方向からの撮影をするように意識しましょう。

さて、これまで撮影の準備と撮影方法と注意点について説明してきました。ここまで読みましたら、iPhoneを持って実際に撮影してみてはいかがでしょうか？次章からは、撮影・アップロード後の動画作成について説明していきます。

2.4　動画作成（カメラワーク設定とレンダリング）

本節では、アップロード処理が完了したNeRFのカメラワーク設定とレンダリングについて説明していきます。

まずは、アップロードした動画/画像群のNeRF処理がきちんと完了しているか確認しましょう。もし「Upload Fail」等のエラーが発生している場合は、アップロードをやり直してみましょう。それでも処理がされない場合は、再撮影が必要になるかもしれません。

2.4.1　iOSアプリでのカメラワークの設定と動画のレンダリング手順

本項では、iOSアプリでの動画レンダリングを行うための手順について説明していきます。

図2.20: 動画レンダリング画面まで

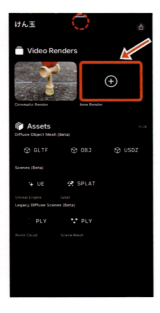

まず、「New Render」を選択します。

図2.21: 背景の表示

もし、背景が映らない場合は、下部のレイヤアイコンを押すと背景が表示されます。

図2.22: 背景色の設定

背景色はデフォルトで黒になっていますが、下部のパレットアイコンから自由に設定できます。

図 2.23: 比率の設定

画角を 16:9 の割合にします。変更すると、右図赤枠のところが動画として書き出される部分になります（1:1 や 4:3 にも変更可能です）。

図 2.24: キーフレーム打ち

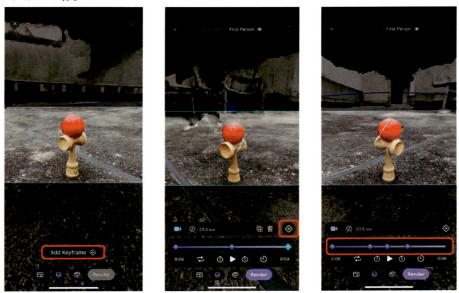

次に、ズームとスクロール（対象の回転）をして対象が中心に来るように調整して「Add Keyframe」を押し、カメラの位置姿勢を設定します（以下、「**キーフレームを打つ**」）。

図2.25: 焦点距離の変更

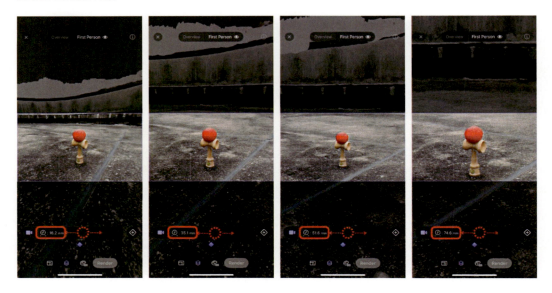

　真ん中の数字が書かれているところをスライドすると、焦点距離（ズーム）を変えることができます。キーフレームごとに焦点距離を変更できますので、表現の幅も広がります。

図2.26: 動画尺の設定とレンダリング

　時計のアイコンを押して、スライドをするとレンダリング動画の尺を変更できます。右下の「Render」を押し、画質やfpsを設定し再度「Render」を押すと、レンダリングが始まります。動画の尺にもよりますが、数分で動画が出力されます。

2.4.2 Webブラウザでのカメラワークの設定と動画のレンダリング手順

本項では、Webブラウザでの動画レンダリングを行うための手順について説明していきます。

図2.27: プロジェクト画面

WebブラウザでNeRFの処理が完了していることを確認したら、プロジェクトファイルを開きます。

図2.28: 動画レンダリング画面まで

第2章　Luma AIでNeRFによる動画作成を体験しよう　　31

- ①右上の「Reshoot」を押して、動画のレンダリング画面を開きます。
- ②まず、動画が再生されるか確認してみましょう。真中の再生ボタンを押すと、動画のプレビューが再生されます。
- ③上部の「FIRTST PERSON」から「OVER VIEW」に切り替えると、俯瞰でカメラワークを確認できます。

図 2.29: Orbit モード

「Reshoot」を押すと、はじめは「Orbit」という同心円状に対象を回るようなカメラワークが設定されています（画像右上）。

左側のパラメータに関しては、「スライド」か「数値入力」で調整ができます。

上部の「FIRST PERSON」と「OVERVIEW」を切り替えて、再生しながら左側の値を調整することをオススメします。レンダリングについては右側の「Render Video」のプルダウンメニューを開き、比率を設定し、「Resolution」で画質を設定して、「Render」を押して動画を作成します。

図2.30: Oscillate モード

続いて「Oscillate」です。右上の「Orbit」の右横のアイコンを押すと、変更できます。パラメータの調整も「Orbit」と同様に、左側の欄で行うことができます。

図2.31: キーフレーム打ち①

自由にカメラワークを設定したい場合は、「Oscillate」の右横の「Custom」を選択します。まずは、中心の「Add Keyframe」を押してみましょう。

第2章　Luma AIでNeRFによる動画作成を体験しよう　33

図2.32: キーフレーム打ち②

　次に、任意の場所でキーフレームを追加します。すると、タイムラインが表示されます。これ以降は、右側の「Add Keyframe」でキーフレームを打っていきます。

図2.33: カメラワークの確認

「OVERVIEW」に切り替えると、カメラワークが表示されます。

図2.34: カメラ軌道の設定

右側の「Motion」のプルダウンから、「Orbit」に変更すると、カメラの軌道が緩やかになります。「Loop」のon/offでは、最後のカメラ位置姿勢から最初の位置姿勢への軌道が作成されます（今回はoffにしています）。

図2.35: モデルのずれ発生

また、キーフレームを打っていると、モデルが少しずれる場合があります。上の図の場合は、少しモデルが右上に傾いていますね。

第2章 Luma AIでNeRFによる動画作成を体験しよう　　35

図2.36: カメラの回転角の調整

　こういった場合は、左側のメニューから「roll」をスライドまたは数値入力することで、カメラの回転を調整できます。他にも「pith」「yaw」についても別軸のカメラ回転の調整を行うところですので、そちらも調整しカメラワークを細かく設定しましょう。

図2.37: ズーム度合い（16~75mm）

　また、「focal length」でズーム度合いも調整ができます。上図は16~75mmのキャプチャです。ズーム度合いによって物体/空間の見え方が変わってきますので、ぜひいろいろ試してみてください。

36　　第2章　Luma AIでNeRFによる動画作成を体験しよう

図 2.38: カメラ位置姿勢の変更

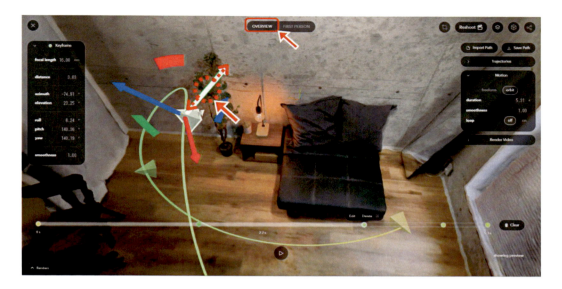

「OVERVIEW」からでもカメラモデルをクリックし、xyz軸を移動させることでもカメラ位置姿勢を変更できます。

図 2.39: カメラパスの保存

また、「Save Path」でカメラパス（キーフレームと軌道）を保存しておくこともオススメです。矢印左側の「Import Path」で、保存したカメラパスを読み込むことができます。

第 2 章　Luma AI で NeRF による動画作成を体験しよう　｜　37

図 2.40: レンダリング手順

レンダリングは「Render Video」から、比率、画質を調整し「Render」から動画を作成します。

図 2.41: レンダリングした動画の確認

レンダリングした動画は、左下の「Renders」から確認/保存ができます。

これで、本章の説明は以上となります。お疲れ様でした。

ぜひ一度撮影に出て、Luma AI をインストールして NeRF/3DGS を体験してみてはいかがでしょうか？

図 2.42: 3DGS の描画

コラム① 3DGS の描画

　こちらのコラムでは、Luma AI における 3DGS の描画について簡単に説明します。Luma AI で使われているアプリやウェブサイトでは、プロジェクトが開かれるとアニメーションが表示され、シーンが描画されます。これは 3DGS で描画されています。初めて触る人は、NeRF とは違うと感じるかもしれません。3DGS について詳しく知りたい人は、第 4 章をご覧ください。作成された映像とプロジェクト画面を動かす際の描画が異なりますので、ひとまずは、この違いを理解しておけば大丈夫です。

図2.43: Text to 3D 「GENIE」

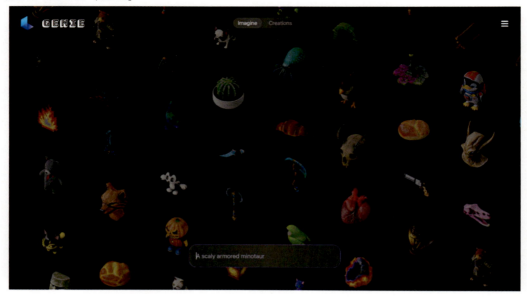

コラム② さまざまなLuma AIのサービス

こちらはLuma AIのサービスとして提供された、Text to 3Dサービス「GENIE」ついての説明です。

図2.44: GENIEの開き方

　　　　GENIEを利用する手順としては、公式サイトからGENIEを選択するとページが開き、プロンプ

40 　第2章　Luma AIでNeRFによる動画作成を体験しよう

トを入力すると3Dモデルが作成されるものです。

図 2.45: 他のモデルのプロンプトを利用する

さらに、画面外の他のモデルを選択すると、そのモデルが作成されたプロンプトを再利用することができます。また、FBXやGLBなどの出力形式があり、さまざまなプラットフォームで利用できますので、一度試してみてはいかがでしょうか。

第3章　自由視点画像生成を学ぶ

担当: Katagiri Keita

NeRF/3DGSは、**自由視点画像生成（Novel View Synthesis）**と呼ばれる技術領域で盛んに研究されています。この自由視点画像生成の従来手法を知ることで、NeRF/3DGSの技術背景を理解していきましょう。

3.1　自由視点画像生成とは

NeRFや3DGSが発表されたのは2020年代ですが、それらのバックグラウンドとなる自由視点画像生成自体は、NeRF/3DGSよりさらに20年以上前から研究されています。自由視点画像生成とは、主に現実のシーンを複数の視点から撮影した画像を入力し、撮影された画像には存在しない任意の視点から見た画像を生成する技術です。

図 3.1: 自由視点画像生成[1]

この技術は、遠隔地を視覚的に疑似体験できる**テレプレゼンス**などのXR (VR, AR……)分野での応用が期待されています。たとえば、遠い海外の観光地やスポーツ観戦、博物館の文化遺産鑑賞などを自宅にいながら、自分が見たい視点から楽しむことが可能です。また、現実世界を舞台にしたビデオゲームに自由視点画像生成を用いることで、写実的な現実空間を舞台としたゲーム開発にも期待が寄せられています。

図 3.2: テレプレゼンスのイメージ[2]

3.2 自由視点画像生成の種類

　自由視点画像生成の手法は、主にふたつに大別できます。ひとつ目は空間の三次元形状を利用する **Model-based Rendering**、ふたつ目は画像のみを利用する **Image-based Rendering** です。この節ではそれらふたつの手法に加えて、前者ふたつを組み合わせた形状と画像を利用する **Image-based Rendering with 3D model**、そして最後に NeRF を代表とするニューラルネットワークを用いた **Neural Rendering** を紹介していきます。

3.2.1　Model-based Rendering

　まずはじめに、シーンの三次元形状を利用する **Model-based Rendering (MBR)** について紹介します。MBR は Light Detection And Ranging（LiDAR）や視体積交差法、照度差ステレオ法、**Multi-view Stereo（MVS）**などの手法で現実シーンの三次元形状を再構成し、得られた形状を任意の視点から見た画像として生成する技術です。ここでは代表的な三次元形状再構成手法として、LiDAR などを用いる**アクティブ計測法**と、対象のシーンを撮影した画像を用いる MVS に代表される**パッシブ計測法**を紹介します。

　LiDAR を用いるアクティブ計測法の例として、光源から投射されたレーザが測定対象で反射して戻るまでの時間から求められた距離をもとに、対象の三次元位置を算出する **Time of Flight（ToF）方式**があります。この手法はシーンの三次元形状を高精度・高正確度で取得できますが、光を吸収

したり透過したりする物体では反射したレーザ光を観測することができません。また、LiDARの機器は基本的に高価ですが、スマートフォンのiPhone 12 Proが発売されて以降は、LiDARを比較的手軽に利用できるようになりました。

図3.3: ToF[3]

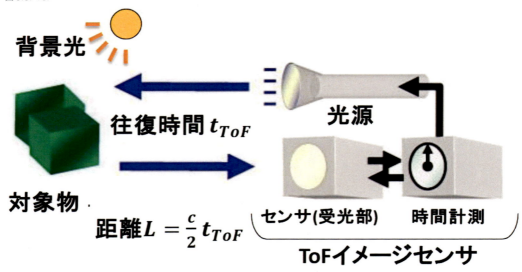

MVSによるパッシブ計測法では、まずStructure from Motion（SfM）などで推定した入力画像のカメラパラメータをもとに、密な三次元形状を取得します。SfMは対象となるシーンを複数の地点から撮影した画像を入力として、そのシーンの疎な三次元形状と入力視点のカメラパラメータを同時に再構成する技術です。MVSではSfMで得られた入力視点のカメラパラメータを利用し、入力画像間の画素の対応に基づいてシーンの三次元形状を再構成します。しかし、MBRでは植物などの複雑で細かい形状を持つ対象や、鏡面反射の特性を持つ対象を再構成することが困難です。

図3.4: MVS[4]

3.2.2　Image-based Rendering

次に、**Image-based Rendering (IBR)** について説明します。IBRは、対象のシーンを撮影した入力画像を変形・合成することによって、任意の視点からの見え方を再現する技術です。以下では、入力画像を変形・合成する**モーフィング**と、画像群からライトフィールドを取得する**ライトフィールドレンダリング**について紹介します。モーフィングとは、ふたつの画像間で対応する点と画像の混合比から、画像間を滑らかに変化させて中間の画像を生成する手法です。複数の視点から撮影した画像間を補間するモーフィングでは、混合比を変化させるだけではシーンの幾何学的な構造を再現するのに限界があります。また、生成する任意視点の位置は入力画像間で囲まれた範囲に限定されるため、その適用範囲には限界があります。しかし、MBRと比較すると、対象の見え方が視点によって大きく破綻することは少ないです。

図3.5: モーフィング[5]

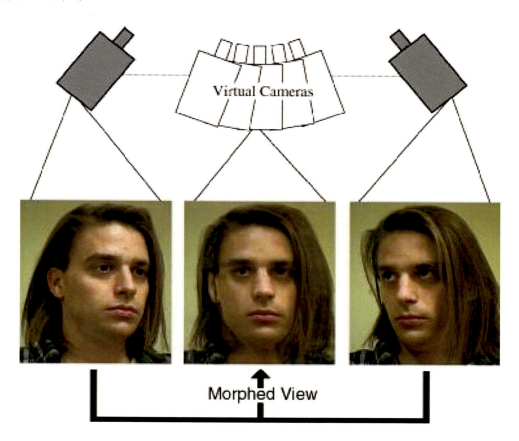

ライトフィールドは、三次元空間を通過する光線の方向や量で表現される光線空間で、視点の三次元位置と二次元の光線方向、それぞれ一次元の光線の波長と時間の計七次元で定義されるPlenoptic関数で表現されます。自由視点画像生成の場合、任意の空間のライトフィールドがその空間におけ

る視覚的情報と等価なため、任意の視点を通過する光線を取得することで高品質な画像を生成することが可能です。しかし、七次元のライトフィールドを密に再現するためには、膨大な画像を取得する必要があります。その後のライトフィールドでは、光線の波長をRGBなどの色空間で表現し、時間軸はある1点の静止した空間を仮定することで次元を削減します。さらに、三次元空間から二次元平面の光線方向として次元削減することで、計四次元で表現することができます。これら従来のIBRでは、自由視点画像の品質が入力画像の枚数に依存してしまうため、少数の画像で高い画像品質を出すための研究も盛んです。

図3.6: ライトフィールド[6]

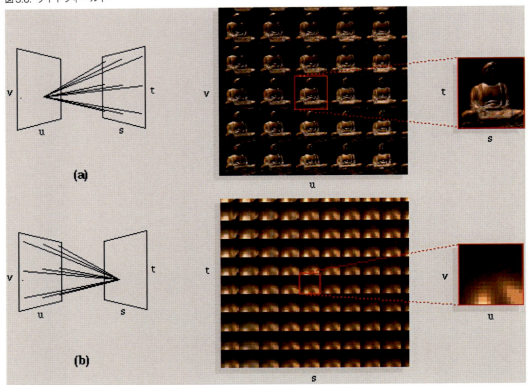

3.2.3 Image-based Rendering with 3D model

　三次元形状を用いるIBRは、対象の三次元形状と入力視点の画像を併用するハイブリッドな手法です。この手法では、対象の三次元形状に入力視点の画像を貼り付けることで、三次元再構成が低品質な場合でも視覚的には高品質に画像を生成します。以下では、この手法で広く用いられている**視点依存テクスチャマッピング（View-dependent Texture Mapping）**とその拡張について説明します。視点依存テクスチャマッピングとは、MVSなどで再構成した三次元形状に対応するテクスチャとして、入力視点の画像を貼り付ける手法です。特に、任意視点における対象の見えに近い入力画像を決定する基準として、任意視点から注目画素を見たベクトルと各入力視点から注目画素を

見た方向ベクトルの成す角を採用する手法があります。3DGSはSfMで生成した三次元点群をベースに入力画像を参照しながらモデルを学習していくため、この領域に近い手法と言えるでしょう。

図3.7: Image-based Rendering with 3D model[7]

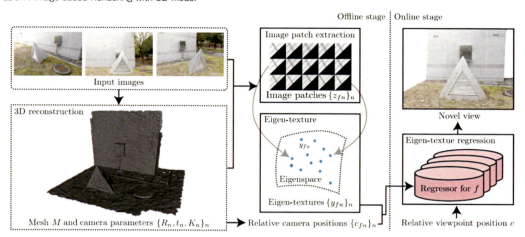

3.2.4 Neural Rendering

最後に、NeRFに代表されるニューラルネットワークに基づく自由視点画像生成手法の **Neural Rendering** について説明します。Neural Renderingのひとつの手法では、ボクセルなどで表現される三次元形状が与えられた際に、任意の視点から見た画像を生成するタスクをニューラルネットワークで学習します。そして、推論時には任意の視点の位置姿勢を入力して、任意視点からの画像をレンダリングします。NeRFではRadiance Fieldsと呼ばれるボリューム情報を持った輝度場を学習し、ボリュームレンダリングによって自由視点画像を生成します。Neural Rendering自体はNeRF以前に提案されていましたが、主にCGで生成されたシミュレーション画像に限定されていました。NeRFの貢献はこれを実写画像に対して適用し、従来の自由視点画像生成の品質を大幅に向上させたことです。

図 3.8: Neural Rendering[8]

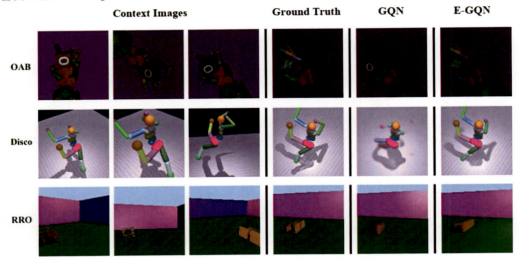

第4章　NeRF/3DGSの理論を学ぼう

担当: さくたま

　本章では、NeRF/3DGSがどのように自由視点画像を出力するのかを紹介します。理論を学ぶことで撮影時に気をつけるべきことをより深く理解し、よりよい動画を合成できます。

　「1.1 NeRF/3DGSは自由視点画像生成技術のひとつ」で、NeRF/3DGS が画像群から自由視点画像を作る工程を4つに分けて説明しました。

> 1. 物体を色々な方向から撮影した**画像群を入力**する
> 2. 画像から**カメラ位置姿勢と三次元点群を推定**する（Structure from Motion: SfM）
> 3. 画像とカメラ位置姿勢から **Radiance Fields を学習**する
> 4. 学習した Radiance Fields をもとに**新たなカメラ位置から見た画像を作る**

　このうち、厳密にNeRF/3DGSの技術としては、3. 4. の部分がコアとなります。2. の部分が入力データを用意するための前処理になります。

　次節からは、最初にNeRF/3DGSに共通する処理や概念を説明します（4.1）。その後、NeRF（4.2）と 3DGS（4.3）それぞれについて理論を説明します。

「4.1 NeRF/3DGS 共通の仕組み」

「4.1.1 NeRF/3DGSの入力データを作る前処理」

「4.1.2 Radiance Fields ってどんなデータ？」

「4.2 NeRF の手法」

「4.2.1 NeRF からどうやって絵ができるの？」

「4.2.2 NeRF は Radiance Fields をニューラルネットワークで表現」

「4.2.3 入力画像とレンダリング画像を比較して学習」

「4.3 3D Gaussian Splatting（3DGS）の手法」

「4.3.1 3DGS は Radiance Fields を3D ガウシアンで表現」

「4.3.2 3D ガウシアンからどうやって画像を作るの？」

「4.3.3 3D ガウシアンをどうやって最適化するの？」

4.1　NeRF/3DGS共通の仕組み

　この節では、NeRF/3DGSの共通する仕組みについて説明します。

図4.1: NeRF/3DGS の入力と出力（NeRF 原著論文[1] より画像を引用し筆者が編集）

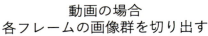

- 入力: 対象物をさまざまな位置から撮影した**画像群**、各画像から推定された**カメラ位置姿勢**（外部パラメータ）と**焦点距離**など（内部パラメータ）
- 出力: 任意の仮想カメラ位置から撮影したときに見える**画像**

4.1.1 NeRF/3DGS の入力データを作る前処理

NeRF/3DGS に画像群とカメラ位置姿勢のペアを入力するためには、画像群から**カメラ位置姿勢を推定する**必要があります。

図4.2: 入力データの前処理（原著論文より画像を引用し筆者が編集）

2章で使った Luma AI では、アプリで撮影する方法と動画を入力する方法がありました。いずれの方法でも、前処理をして、入力する画像とカメラ位置姿勢のペアを作る必要があるわけです。このふたつのモードでは、次に示す方法でカメラ位置姿勢を推定しています。

- Object, Scene モード: iPhone のモーションセンサなど、画像以外の情報も使ってカメラ位置姿勢を推定する
- Upload モード: 動画から各フレームを画像として切り出し、画像群からカメラ位置姿勢を推定する

次節では、画像とカメラ位置姿勢のペアを作る方法のうち、よく使われる **Structure from Motion: SfM**（「3.2.1 Model-based Rendering」参照）という手法を紹介します。

4.1.1.1 Structure from Motion（SfM） SfMの入力は画像群です。動画の場合は画像に切り出したものを入力とします。これらの画像から**カメラ位置姿勢**と画像上の**特徴点の三次元位置（三次元点群）**を推定します。この手法は、NeRF/3DGSの入力データだけではなく、MVSなどの三次元再構成の手法にも使われます。

SfMの手順を具体的に説明します。

1. 画像から**特徴点を検出**する
2. 画像間で共通する特徴点を**マッチング**する
3. **カメラ位置姿勢を推定**する
4. **特徴点の三次元位置を推定**する
5. 3. 4. を繰り返して、カメラ位置姿勢と特徴点の三次元位置を**最適化**する（**バンドル調整**）

図 4.3: 1.2.特徴点検出と特徴点マッチング（Wael Badawyによる資料[2]より引用）

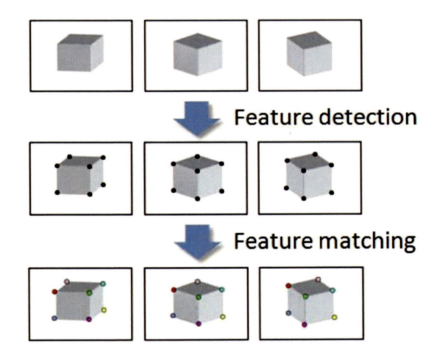

図 4.4: 3.4. カメラ位置姿勢と特徴点の三次元位置の推定（Wael Badawy による資料より引用）

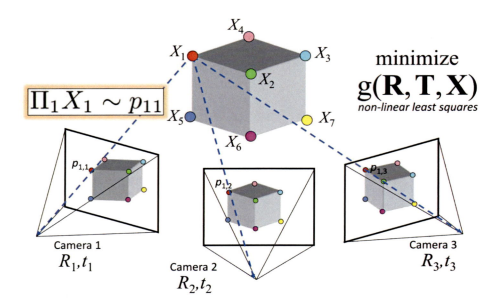

このようにして、画像群からカメラ位置姿勢と特徴点の三次元位置を推定します。三次元位置が推定された特徴点の集合を**三次元点群**として表現すると、物体の三次元形状が見えてきます。

NeRFでは、このようにして得られたカメラ位置姿勢のみを使います。3DGSでは、カメラ位置姿勢と三次元点群を使います。

4.1.1.2 COLMAP: SfMのツール SfM は **COLMAP**[3]というオープンソースのツールがよく使われます。NeRFの原著論文でも、COLMAPが使われています。画像群を入力すると、自動でカメラ位置姿勢と内部パラメータ（焦点距離、画像中心の座標、歪み係数）を推定してくれます。COLMAPはCLI[4]でもGUIでも使えます。

---

[3] COLMAP: Open Source Structure-from-Motion and Multi-View Stereo (https://colmap.github.io/)
[4] Command Line Interface の略。Character User Interface（CUI）ともいう。

4.1.2 Radiance Fieldsってどんなデータ？

図4.5: Radiance Fieldsとは？（NeRF原著論文[5]より画像を引用し筆者が編集）

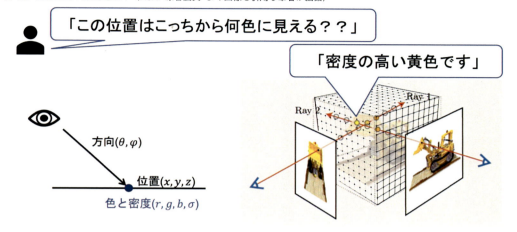

　NeRFはNeural Radiance Fieldsの略で、ニューラルネットワークによって**Radiance Fields（放射輝度場）**を学習することを意味します。Radiance Fieldsとは何か、それについてまずは説明します。

　Radiance Fieldsは、「この位置（座標）はこっちの方向から見たら何色に見える？」という問いに対する答えを返す関数です。イメージとしては、図4.5の右側のような格子状のボリュームデータが塗りつぶされているイメージや、見る方向によって色の変わる、密度をもった点群のイメージです。ここで密度とは、その位置の物質がどれだけ光を通すかを示す値です。密度が高いとそこに存在する物質が不透明であることを示し、密度が低いとそこに物質が存在しないことを示します。

　それでは、用語の定義から詳しく見ていきましょう。**Radiance（放射輝度）**とは、ある三次元位置からある方向への光の強さ（色）を表す値です。**Fields（場）**とは、座標に対して値をもつ空間のことです。したがって、Radiance Fields（放射輝度場）とは、三次元座標の**ある位置からある方向に射出する光の色と強度を表すベクトル**場です。もっともシンプルに言い表すと、ある方向 $d(\theta, \phi)$ からある三次元位置 $x(x, y, z)$ を見た時に見える色 $c(R, G, B)$ と密度 σ を返す関数です。

図4.6: Radiance Fieldsはシーン内の位置と方向の入力から色と密度を出力する関数

$$F_\Theta : (x, y, z, \theta, \phi) \mapsto (R, G, B, \sigma)$$

　NeRF/3DGSが表現するRadiance Fieldsの関数には、先に示したように視線方向が含まれています。これにより、**視線方向に応じて見える色が変わる**現象を表現できます。たとえば、図4.7のように、テレビを見る方向によって、光の反射で色が違って見える現象を表現できます。

第4章　NeRF/3DGSの理論を学ぼう　53

図4.7: テレビを見る方向が変わった場合（NeRFのプロジェクトページ[6]より引用）

4.2　NeRFの手法

　NeRFはニューラルネットワークを使って、Radiance Fieldsを表現する手法です。画像を出力するときは、レイに沿って各位置の色と密度をネットワークに問い合わせて足し合わせます（ボリュームレンダリング）。

図4.8: NeRFの処理の流れ

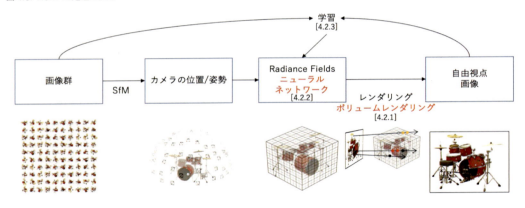

54　第4章　NeRF/3DGSの理論を学ぼう

4.2.1 NeRFからどうやって絵ができるの？

図4.9: NeRFのレンダリング（＝各画素の色の決定方法）（NeRF原著論文[7]より画像を引用し筆者が編集）

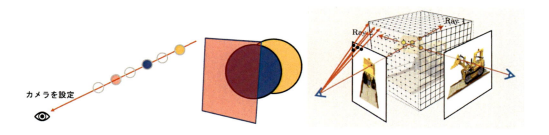

　Radiance Fieldsを使って、あるカメラ位置から撮影した画像を作る方法を説明します。この処理を**レンダリング**といい、機械学習では、この処理は学習と推論のうち、**推論**にあたります。
　次にその手順を示します。
1．カメラ中心から各画素方向に**レイ（光線）**を飛ばす
2．レイ上の各点の色と密度を**Radiance Fieldsに問い合わせる**
3．各点の**透過度を考慮した色**をレイ方向に足し合わせて**画素の色を決める**

　人の目やカメラは、見ている方向から飛んできた光を感知しています。これを逆算して、カメラの位置から各画素の方向に**レイ（光線）**を飛ばし、レイが通った位置の色を足し合わせることで、そのカメラから見た画像をレンダリングします。
　Radiance Fieldsは、三次元空間のある位置をある方向から見たときの色と密度を調べられます。レイが当たった位置の色と密度をサンプリングしながら透過度を考慮した色を計算し、足し合わせることで画素の色を計算します。
　たとえば、図4.9のように、一番手前に半透明の赤い板、その奥に不透明な青い球、またその奥に不透明な黄色い球がある場合を考えます。一番手前の板の透過度を考慮した色は、半透明版そのものの半透明な赤色です。青い球の透過度を考慮した色は、青い球の手前に半透明の板があることが加味され、少し透過度の低い青色になります。最後に、黄色い球は、手前の不透明な青い球に隠れ、ほとんど透過しません。
　これらを足し合わせると、半透明の板の赤色と少し透過度の低い青色を足し合わせた紫色になるイメージです。このようにして、全画素の色を決め、あるカメラ位置から見た画像を作ります。このように透明度を考慮することで、物体内部も表現できるレンダリングを**ボリュームレンダリング**といいます。
　次項からは、各工程について詳しく説明します。

4.2.1.1 カメラ位置から各画素方向にレイ（光線）を飛ばす

図4.10: 1.レイを飛ばす

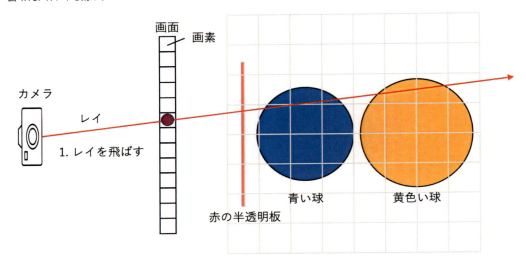

まず、カメラ位置（光学中心）から各画素方向にレイを飛ばします。カメラ位置姿勢とカメラの画角や解像度など（内部パラメータ）から、各画素に入る光の方向を計算できます。

4.2.1.2 レイ上の各点の色と密度をRadiance Fieldsに問い合わせる（サンプリング）

図4.11: 2.サンプリング

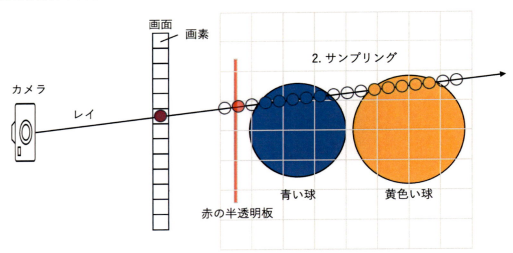

次に、レイ上の各点の位置を選びます。これを**サンプリング**といいます。Radiance Fieldsはシーン内の位置と視線方向を入力としてその位置の色と密度を返す関数ですので、レイ上のどの位置をRadiance Fieldsに問い合わせるか決める必要があります。サンプリングする点が決まったら、その座標の色と密度をRadiance Fieldsに問い合わせます。こうして、レイ上に並んだ色と密度の集合が

得られます。

ここで、何もない空間の色をたくさん問い合わせても意味がないので、カメラに写る物体表面を重点的にサンプリングするような工夫がされています。この工夫を**階層的ボリュームサンプリング（Hierarchical volume sampling）** といいます。NeRFでは、**粗い（coarse）** サンプリングと**細かい（fine）** サンプリングの2段階に分けてレンダリングしています（Corse-to-Fine）。まず、**粗いサンプリング**では、レイ方向にランダムな間隔でサンプリングをします。次に、粗いサンプリングで得られた密度が高いほど、その周辺からサンプリングしやすくなるような確率密度関数を生成します。確率密度関数とは、ある値がどの程度の確率で出現するかを示す関数です。この確率密度関数にしたがって、サンプル数の多い**細かいサンプリング**を実行します。こうすることで物体が存在しそうな箇所を重点的にサンプリングでき、効率的に学習が進められます。原著論文では同じ構造のネットワークをふたつ用意し、粗いサンプリング用と細かいサンプリング用にそれぞれ学習しています。

4.2.1.3 レイ方向に色を足し合わせて画素の色を決める

図4.12: 3.足し合わせる

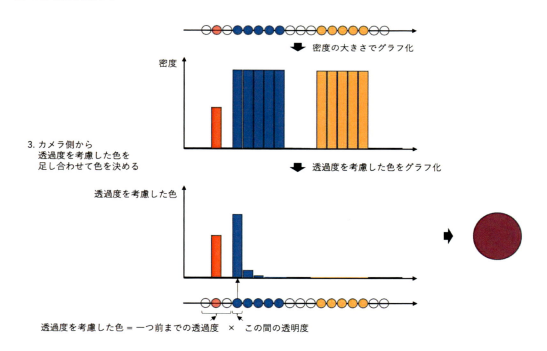

最後に、得られた色と密度を、透過度を考慮して足し合わせます。**透過度を考慮した色**は、**距離に応じた減衰率**と、その**サンプル点の不透明度**を掛け合わせることで計算されます。距離に応じた減衰率は「ひとつ前のサンプル点までを通ってきた光が今のサンプル点を通るときにどれだけ透過するか」を示す透過度を表す値です。そのサンプル点の不透明度はRadiance Fieldsから得られる密

度と、隣接するサンプル点との距離を考慮して計算されます。なぜここに距離が入るかというと、隣のサンプル点までの間にそのサンプル点の密度をもった物質が充満していると考えるからです。

これらを掛け合わせた色をレイ方向に足し合わせることで、画素の色を決めます。

4.2.1.4 （補足）数式で表してみる

レンダリングの計算を数式で表現してみると、推定された画素の色はレイ $\mathbf{r}$ を用いて次の式で計算されます。

図 4.13: 画素値の推定

$$
\hat{C}(\mathbf{r}) = \sum_{i=1}^{N} T_i (1 - \exp(-\sigma_i \delta_i)) \mathbf{c}_i \,,\ \text{where } T_i = \exp\left(-\sum_{j=1}^{i-1} \sigma_j \delta_j\right)
$$

$\hat{C}(\mathbf{r})$: 推定された画素の色

$\mathbf{r}$: レイの方向

i: レイ上のサンプル点の番号

δ_i: i 番目のサンプル点から隣のサンプル点までの距離

T_i: i 番目のサンプル点より手前のサンプル点の透過率（手前に密度の高いサンプル点があれば小さくなる）

σ_i: MLP から出力された密度

c_i: MLP から出力された色

$1 - exp(-\sigma_i \delta_i)$: サンプル点の不透明度

4.2.2　NeRF は Radiance Fields をニューラルネットワークで表現

本節では、NeRF で Radiance Fields を表現しているニューラルネットワークの役割について説明します。

4.2.2.1 NeRF を表現する Multi-Layer Perceptron（MLP）

図 4.14: MLP が Radiance Fields を表現している（NeRF 原著論文[8]より画像を引用し筆者が編集）

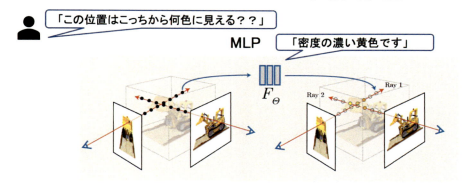

　NeRF は**多層パーセプトロン（Multi-Layer Perceptron: MLP）**というニューラルネットワークを使って、Radiance Fields を表現します（派生研究では MLP 以外のネットワーク構造を用いたものも多く存在します）。では、どのようにして、位置と視線方向から色と密度を返せるように学習するのでしょうか。

4.2.2.2 Multi-Layer Perceptron（MLP）とは

図 4.15: パーセプトロンと MLP

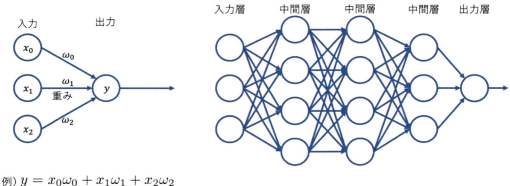

　多層パーセプトロン（Multi-Layer Perceptron: MLP）とは、入力層、中間層、出力層からなるニューラルネットワークの一種です。**パーセプトロン**の基本構造は、複数の入力からひとつの出力を得る単純なニューラルネットワークです。パーセプトロンでは、線形関数の係数である重み ω を学習します。多層パーセプトロンは、このパーセプトロンを複数層重ねたものです。これによって非線形な関数も表現でき、より複雑な問題を解くことができます。

4.2.2.3 NeRF の MLP の構造

図4.16: NeRFのMLPの構造（NeRF原著論文より画像を引用し筆者が編集）

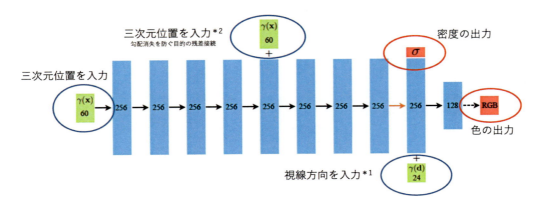

図4.16は、NeRFのMLPの構造です。入力ベクトルは緑、中間層は青、出力ベクトルは赤で示されています。黒い矢印はReLU活性化（値を非負に丸める処理）、破線の黒い矢印はシグモイド活性化（値を0〜1に変換する処理）、オレンジの矢印は活性化のない層を示します。

各入力に $\gamma(\mathbf{x})$、$\gamma(\mathbf{d})$ とありますが、この γ は **Positional Encoding** を示します。

図4.17: Positional Encodingの式（NeRF原著論文より引用）

$$\gamma(p) = \left(\sin(2^0 \pi p), \cos(2^0 \pi p), \cdots, \sin(2^{L-1} \pi p), \cos(2^{L-1} \pi p) \right).$$

p: 位置。
L: 次数。次数が大きいほど近似が正確になり、細かい位置変化を表現できる。

Positional Encodingは、精細な画像を出力するための工夫です。位置情報をそのまま入力した場合、モデルが微細な位置の違いを識別できず、高周波成分の学習に失敗し、出力画像がぼけることがあります。これを防ぐために、位置の情報を図4.17のような高周波成分をもつ関数に埋め込むことによって高周波成分を学習できるようにしています。

図4.16中 ∗1 を見ると、視線方向の情報は密度の出力を得たあとに入力されていることがわかります。NeRFでは、まず三次元位置の情報のみを入れ、密度を出力します。その後、視線方向の情報を入れ、色を出力しています。このように、**視線方向によって変化するのは色のみ**であり、**密度は変化しない**という特徴があります。現実の物体を考えてみても、視線方向によってその位置に物体があるかないかが変化することはありませんよね。

図4.16中 ∗2 を見ると、ネットワークの途中で入力層と同じ三次元位置の情報を入れていることがわかります。これは、**勾配消失問題**を緩和するための**残差接続**というテクニックです。勾配消失とは、入力情報が層を通過する度に勾配が急速に小さくなり、逆伝播中に損失関数の勾配がほとんど取れず、学習がうまく進まなくなる現象です。

4.2.3 入力画像とレンダリング画像を比較して学習

図 4.18: 入力画像とレンダリングされた画像の比較（NeRF原著論文より画像を引用し筆者が編集）

1. レンダリングする
2. 入力画像とレンダリング結果の各画素を比較して学習

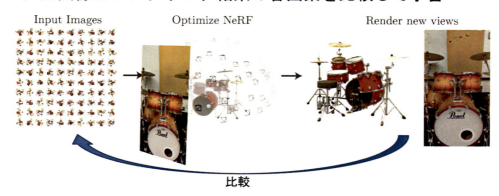

NeRFは、入力画像とレンダリングされた画像の画素値を比較して学習します。

1. カメラの位置を指定し、各画素にレイを飛ばす
2. レイ方向にそって、点をサンプリングする
3. サンプリングした点の位置とレイ方向をMLPに入力し、色と密度を出力する
4. 色と密度を用いて画素値を計算し、画像をレンダリングする
5. 入力画像とレンダリングされた画像の画素値を比較し、誤差を計算する

クラス分類のような基本的な教師あり学習は、単にネットワークの出力と教師データを比較して学習します。それに対してNeRFは、ネットワークの出力を複数使って算出した画素値を教師画像の画素値と比較して学習するという特徴があります。

誤差を計算する**損失関数**は、図4.19に示すようになっています。

図 4.19: 損失関数（NeRF 原著論文より引用して筆者が編集）

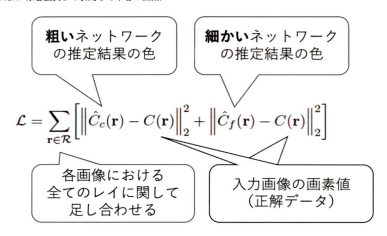

粗いネットワーク、細かいネットワークとは3.3.2で説明した、階層的ボリュームサンプリングのためのふたつのネットワークのことを指します。この損失関数を見ると、粗いネットワークと細かいネットワークのふたつのネットワークに対して、それぞれ独立に誤差を算出していることがわかります。

4.3 3D Gaussian Splatting（3DGS）の手法

3D Gaussian Splatting（3DGS） は、**3Dガウシアン**を使ってRadiance Fieldsを表現する手法です。画像を出力するときは、画素内に写っている3Dガウシアンの色を手前から順に足し合わせます（ラスタライズ）。

図 4.20: 3DGSの処理の流れ

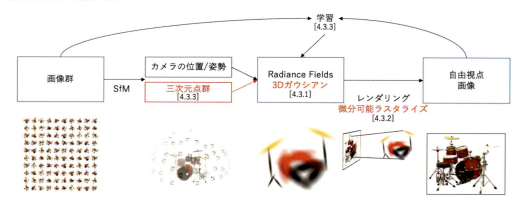

4.3.1 3DGSはRadiance Fieldsを3Dガウシアンで表現

NeRFの説明でも出てきたとおり、Radiance Fieldsはシーン内の位置と視線方向を入力として、

その位置の色と密度を返す関数でした。NeRFでは、このRadiance Fieldsをニューラルネットワークで表現しましたが、3DGSでは、**Radiance Fieldsを3Dガウシアンで表現します**。3Dガウシアンは、三次元点群の点をガウス分布（**Gaussian**Distribution）に従って広げた（**Splatting**）表現です（図4.21）。

図4.21: 3Dガウシアンで形状を表現するイメージ

3Dガウシアンでは、**三次元のガウス分布と球面調和関数**（Spherical Harmonics: SH）を使って、密度と色を表現します。**ガウス分布は位置による密度の違いを表現し、球面調和関数は視線方向による色の違いを表現**する、という役割です。ガウス分布による密度の表現、球面調和関数による色の表現について順に説明します。

4.3.1.1 ガウス分布による密度の表現

まず、ガウス分布による各位置の密度の表現について説明します。三次元のガウス分布は、**中心点と分散**を指定することで、その中心点から広がる球状の分布を表現します。イメージとしては、中心に近いほど色が濃くなる球体をx、y、z方向に拡大・縮小したり、回転させたりした形をしています。

ある位置の密度を調べたいとき、各ガウス分布の中心点からの距離を計算すれば、その位置の色と密度を計算できます。

3DGSでは、3Dガウシアンの集合で三次元形状を表現しています。各3Dガウシアンの中心点を可視化した画像、三次元ガウス分布を0.3倍のスケールで広げた画像、三次元ガウス分布を1倍のスケールで広げた画像が次の図4.22です。見比べてみると、中心点からガウス分布が広がる様子がイメージできます。

図 4.22: ガウス分布のスケールによる見え方の違い

点群　　　　　　　　splat scale = 0.3　　　　　　　splat scale = 1

4.3.1.2 球面調和関数による色の表現

次に、**球面調和関数**（Spherical Harmonics: SH）による視線方向依存の色の表現について説明します。現実世界の物体ををいろいろな方向から見たときの色の違いは、物体の反射特性や環境光によって複雑に変化します。視線方向を入力として色を出力する関数を考えるとき、全方向を網羅すると**球面上の関数**になります（図4.23）。この色の違いを学習するには、理想的には全ての視線方向に対して色を学習する必要がありますが、それは現実的ではありません。

図 4.23: 視線方向を入力として色を出力する球面上の関数

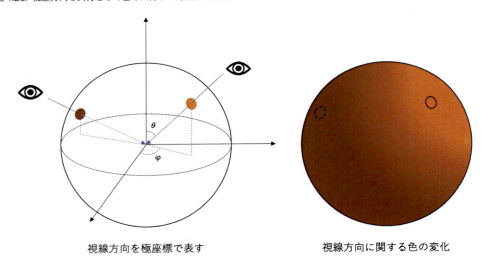

視線方向を極座標で表す　　　　　　　　視線方向に関する色の変化

そこで、**視線方向を入力として色を出力する関数**を球面調和関数で近似すると、視線方向によって変化する球面上の複雑な関数を有限個の係数を使って計算できます。詳しい理解をするには、球面調和関数の理論を学ぶ必要がありますが、ここでは簡単に説明します。球面調和関数を用いた近似とは、球面上の関数を有限個の基底となる球面調和関数の線形結合で表現する方法です。近似の表現力や正確性は、近似に用いる球面調和関数の次数によって変わります。次数が低いと、球面上の関数はぼんやりとした表現になり、次数が高いと球面上の関数を細かく表現できるようになります。

図4.24は、各次数 l、階数 m の球面調和関数を示しています。縦軸は次数 l で、上から下に行くほど次数が高くなります。横軸は階数 m で、中央が0、-l < m < l の整数値を取ります。たとえば l=1 の行を見てみると、-1 < m < 1 の3つの球面調和関数があります。球面調和関数で近似される値を計算するときは、l=0, 1 の4つの球面調和関数と学習した4つの係数をかけて足し合わせます。

図4.24: 球面調和関数とは．（SH lighting論文[9]より引用し筆者が編集）

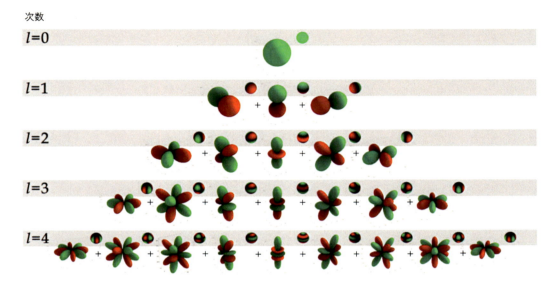

3DGSでは、球面調和関数の係数を学習して、任意のカメラ位置の方向から見たときの色を計算します。たとえば、次数が0の球面調和関数の係数のみを使って色を計算すると、球面上の関数は一定の値、つまり一色になり、視線方向による色の違いが表現できません。次数を上げると、視線方向による色の違いを細かく表現できるようになりますが、係数分のデータ量や各係数の基底関数を計算するための計算量が増えます。また、球面調和関数の計算結果は1次元なので、色のRGB値を計算するためには、RGBそれぞれに対して球面調和関数を計算する必要があります。

4.3.2 3Dガウシアンからどうやって画像を作るの？

3DGSは、**ラスタライズ**によって三次元のガウシアンを画像に変換します。ラスタライズとは、三次元の物体を二次元に投影し、画素の色を決める処理です（図4.25）。

図 4.25: ラスタライズとは

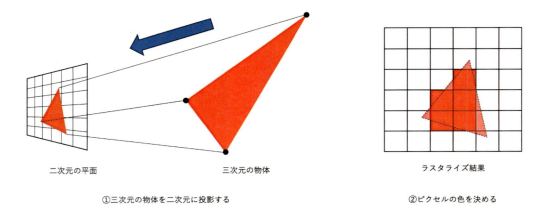

3DGSでは、3Dガウシアンをもとにレンダリングします。三次元の3Dガウシアンを二次元の画像に投影すると、中心から周囲に向かって透明度が上がる楕円形になります。この楕円を手前から順（図4.25中①→②→③の順）に重ねていくことで、最終的に画像ができあがります。

図 4.26: ガウシアンのラスタライズ

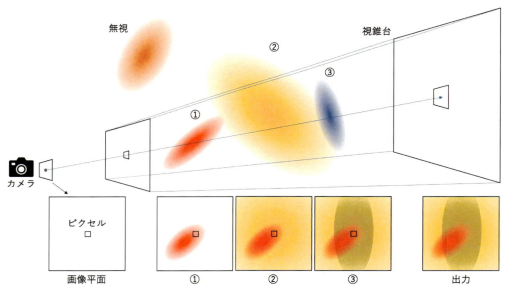

1. カメラに写る範囲の3Dガウシアンを画像平面に投影:

まず、**視錐台**内に存在する3Dガウシアンを、カメラの視点に基づいて画像平面に投影します。視錐台とは、カメラの視点から見たときにカメラの画面に写る範囲を表す錐台（四角錐を途中で水平にカットした形状）のことです。たとえば、図4.26で左上にあるオレンジの3Dガウシアンは、青い線で示される視錐台の領域の外側にあるので、無視されます。この投影により、各3Dガウシアンは **2Dのガウス分布である楕円形（2Dスプラット）** に変換されます。

2. **2Dスプラットを手前から奥に並べる**:

投影された2Dスプラットを、**手前から奥にソート**します。たとえば、図4.26の①、②、③の順にソートされます。このとき、一回のソートで、2Dスプラットの中心点の奥行きを使ってソートすると、2Dスプラットが交差して重なることで部分的に前後関係が逆転し、正しく描画できないことがあります。一方で、画素ごとに2Dスプラットをソートすると、計算量が増えてしまいます。そこで3DGSでは、16x16のタイルごとに並列に2Dスプラットをソートすることで、ソート回数を抑えつつなるべく正確に描画する工夫がされています。

3. **画素の色を計算**:

ソートされた2Dスプラットの色を、**手前から奥に向かって順番に**計算し、**足し合わせ**ます。図4.26下部の3枚の四角が、①から③の順で色を足し合わせていく過程のレンダリング画像を示しています。各2Dスプラットの中心点に対して、計算する画素の位置におけるガウス分布の透明度を求め、視線方向から見た色を球面調和関数を用いて計算します。そして、計算された色と透明度を手前から奥に向かって足し合わせて、最終的な画素の**色を決定**します。

4.3.3　3Dガウシアンをどうやって最適化するの？

3DGSでは、NeRFと同じように、入力画像とレンダリング画像の画素値を比較して学習します。そのとき、①最適化するパラメータ、②学習開始時の3Dガウシアン位置の決め方、③3Dガウシアンの数の最適化、に特徴的な工夫があります。

まず、①最適化するパラメータについてです。3DGSでは、3Dガウシアンの**ガウス分布の位置と共分散**、**透明度**、**色を表す球面調和関数の係数**を最適化します。これによって、三次元空間の各視点から見た外観を正しく捉えることができます。

次に、②学習開始時の3Dガウシアン位置の決め方についてです。何も学習が進んでいないとき、3Dガウシアンの位置をどのように決めるのでしょうか。3DGSでは、**SfMで推定された三次元点群**を最初の3Dガウシアンとして学習を始めます。ここでの三次元点群とは、SfMを実行するときに得られる特徴点の点群です。この点群を3Dガウシアンの中心点として初期化することで、なるべく物体の形状に近い分布で学習を始めることができます。

図4.27: 3Dガウシアンの初期化（3DGS原著論文[10]より画像を引用し筆者が編集）

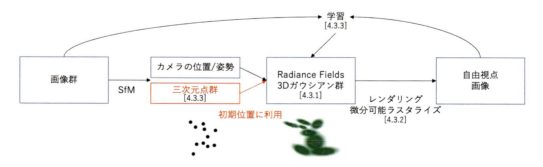

最後に、③3Dガウシアンの数の最適化についてです。①で、各3Dガウシアンの見え方を最適化

すると述べましたが、それだけではシーンの複雑さに対応できないことがあります。そこで、複雑な箇所には多くの3Dガウシアンを、単純な箇所には少ない3Dガウシアンを使うように、3Dガウシアンの**数を最適化**します。3DGSでは、下記の通り、いくつかの工夫を行って3Dガウシアンの数を最適化しています。

・100回の最適化ステップごとに、3Dガウシアンを高密度化
　—最適化による中心点の移動量が大きい3Dガウシアンを分割する　（図4.28）
・100回の最適化ステップごとに、透明度の低い3Dガウシアンを削除
・3000回の最適化ステップごとに、全3Dガウシアンの透明度を下げることで、画像の広域を占める大きな3Dガウシアンやカメラに近い3Dガウシアンを削除されやすくする。

図4.28: 3Dガウシアンの数の最適化

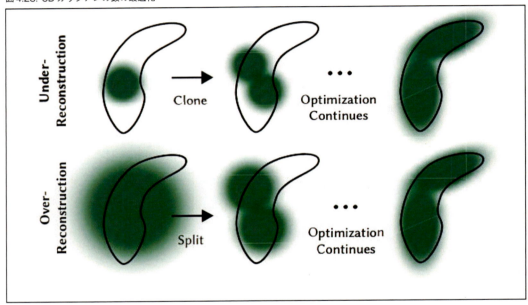

このようにして3DGSでは、3Dガウシアンの数を最適化することで、**シーンの複雑さに応じた3Dガウシアンの密集度**を調整しています。

4.4　まとめ

本章では、NeRFと3DGSがどのようにしてRadiance Fieldsを学習し、画像を合成するのかを解説しました。最後に、NeRFと3DGSのフローを図で並べてみます。

図 4.29: NeRF の手法

図 4.30: 3DGS の手法

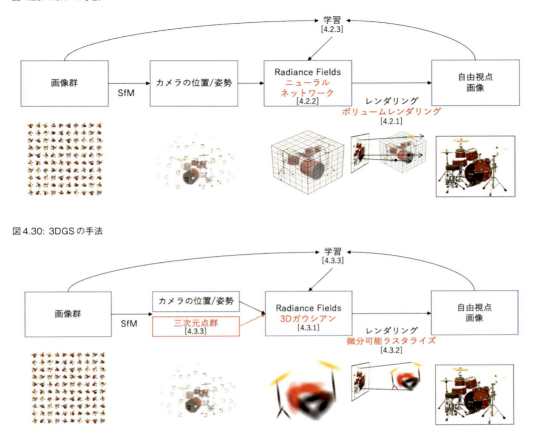

このように NeRF と 3DGS は、Radiance Fields の表現方法とレンダリング方法に違いがありますが、どちらも入力された画像と合成された画像と比較しながら学習を行います。

次の章では、NeRF と 3DGS を実際に使うための環境構築やツールを解説します。

第5章　Nerfstudioの環境構築しよう

担当: Aster

第4章では、NeRF/3DGSの仕組みについて説明しました。

第5章では、実際にNerfstudioというライブラリを使ってNeRF/3DGSを動かし、3Dシーンを作成するプロセスを体験します。2024/04/28時点での環境を使用して説明します。Nerfstudioは、複数の入力形式に対応しており、さまざまなNeRF/3DGSモデルをサポートしていることが大きな特徴です。

この章の構成は次のとおりです。

・5.1 Nerfstudioとは

・5.2 Google ColabでNerfstudioを使ってみましょう

・5.3 ローカルPCでNerfstudioを動かしてみましょう

・5.4 Nerfstudioを使用して映像を出力してみましょう

5.1　Nerfstudioとは

Nerfstudio[1]は、2022年10月にカリフォルニア大学のバークレー校が開発したオープンソースです。Nerfstudioは、NeRFの学習、レンダリングを簡単に行うことができます。githubからコードを落としてきて、自身のPCに環境を構築する方法と、Google Colabを使用する方法があります。

5.1.1　入力データの対応

Nerfstudioは、次の複数の入力データを扱うことができます。

1.Nerfstudio: https://docs.nerf.studio

図5.1: Dataの種類と詳細

Data	撮影デバイス	必要条件	カメラ位置姿勢推定の処理の速さ
Images	任意	COLMAP	遅い
Video	任意	COLMAP	遅い
360 Data	任意	COLMAP	遅い
Polycam	LiDARが使えるiOS	Polycam APP	速い
KIRI Engine	LiDARが使えるiOS	KIRI Engine APP	速い
Record3D	LiDARが使えるiOS	Record3D APP	速い
Metashape	任意	Metashape	速い
RealityCapture	任意	RealityCapture	速い

それぞれの入力データに関しては、次のとおりです。

・Images
　—複数の画像データ
・Video
　—動画データ
・360 Data
　—Insta360などの360カメラで撮影されたデータ
・Polycam
　—Polycamアプリのキャプチャ
・KIRI Engine
　—KIRI Engineアプリで処理されたデータ
・Record3D
　—iPhone 12 Pro以上のRecord3Dアプリからのキャプチャ
・Metashape
　—Metashapeで行ったカメラ位置姿勢推定を出力したXMLファイルと画像データ
・RealityCapture
　—RealityCaptureで行ったカメラ位置姿勢推定を出力したcsvファイル
・ODM
　—ドローン空撮画像を処理するためのオープンソースのコマンドラインツールキット
・Aria
　—Project Ariaを使用して取得されたデータセット

第5章　Nerfstudioの環境構築しよう　　71

5.1.2　使用できるNeRF/3DGSのモデル

また、Nerfstudioは次のNeRF/3DGSのモデルを使用できます（2024/04/28調べ）。

NeRFモデル

・NeRF
　—オリジナルのNeRFです。

・Instant-NGP
　—Instant-NGPは、並列処理に優れたエンコーディング手法をNeRFへ適用して学習とレンダリングを高速化した技術です。

・Mip-NeRF
　—Mip-NeRFは、ミップマップの理論に基づいてレイを円錐形で表現することで、アーティファクトを抑制して微細な表現を可能にする技術です。

・Nerfacto
　—Nerfactoは、既存のモデルを複数組み合わせることで処理効率と画像品質を高めたNerfstudio独自の技術です。

・TensoRF
　—TensoRFは、テンソル分解によりパラメータの次元を削減することで、高い画像品質を維持しつつ学習を高速化する技術です。

3DGSモデル

・Splatfacto
　—Nefacto同様に複数の既存モデルを組み合わせた3DGS版の技術です。

サードパーティモデル

・Instruct-NeRF2NeRF
　—Instruct-NeRF2NeRFは、テキスト指示でNeRFシーンのスタイルを変換する編集技術です。

・Instruct-GS2GS
　—Instruct-GS2GSは、テキスト指示で編集可能なInstruct-NeRF2NeRFの3DGS版です。

・SIGNeRF
　—SIGNeRFは、前述の技術同様にテキスト指示により編集可能で、デプス条件付きのDiffusionモデルによりマルチビューで一貫した画像を生成できる技術です。

・K-Planes
　—K-Planesは、時間軸方向に学習可能な動的なシーンに対応したTensoRFベースの技術です。

・LERF
　—LERFは、テキスト指示で対応するコンテンツをNeRFシーンの中から抽出する技術です。

・Nerfbusters
　—Nerfbustersは、生成されたNeRFシーンから浮遊物を除去して、画像品質を高める技術です。

・NeRFPlayer
　—NeRFPlayerは、K-Planesと同様に動的なシーンに対応した技術ですが、K-Planesの方が高品質な結果を得られます。

・Tetra-NeRF
—Tetra-NeRFは、四面体でRadiance Fieldを表現することでボクセルベースよりも繊細に表現でき、かつ学習速度が速い技術です。
・PyNeRF
—PyNeRFは、距離に応じて空間を構成するグリッドの解像度を分割するピラミッド型のNeRFです。これにより、スケール依存で発生するエイリアスを抑制して高品質で高速な処理を実現します。
・SeaThru-NeRF
—SeaThru-NeRFは、物体の見え方が位置によって大きく変化する環境である水中や霧などのシーンに対応したNeRFです。

5.1.3　Nerfstudioのコミュニティ情報

Nerfstudioは、「Discordコミュニティ[2]」にて盛んに議論が行われています。そのため、困りごとはDiscordに載ってることが多いです。

5.2　Google ColabでNerfstudioを使ってみましょう

NerfstudioはGithubからコードをPCに環境構築する方法と、Google Colab[3]で使用する方法があります。本節では、Google Colabでの使い方を説明します。

Google Colabでの利用の流れとしては、次のようになります。
1．Nerfstudioの環境を作成
2．データのダウンロード
3．Viewerのセットアップと起動
4．学習
5．動画の出力

5.2.1　Nerfstudioの環境の構築

Nerfstudioの環境で必要となるものとして、Pythonのライブラリ、Tiny-cuda-nn、COLMAPなどがあります。次のノードを実行することで、Google Colab上に環境を構築できます。この作業には約10分かかります。

2.Discordコミュニティへのリンク: https://discord.com/invite/uMbNqcraFc

3.Google Colabのデモノートブック: https://colab.research.google.com/github/nerfstudio-project/nerfstudio/blob/main/colab/demo.ipynb

図 5.2: Google Colab 上に環境構築

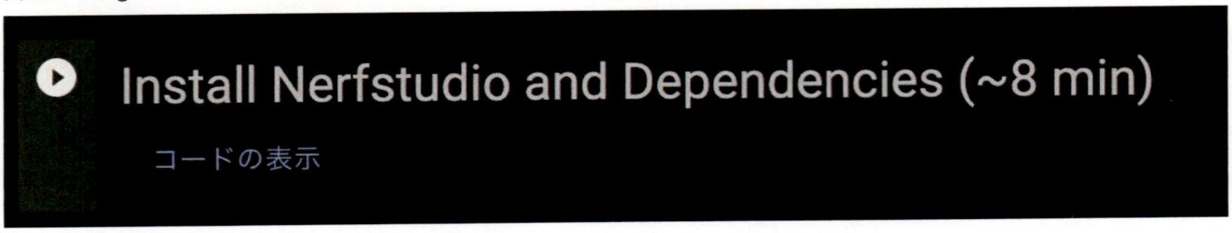

5.2.2　データのダウンロード

今回は、posterという名前のシーンを使用します。次のノードを実行することで、posterのデータをダウンロードできます。

図 5.3: データのダウンロード

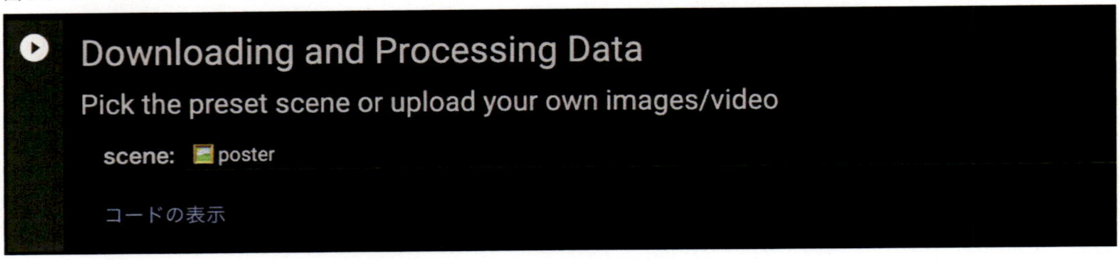

5.2.3　Nerfactoの利用

前節でposterのシーンをダウンロードしました。そのデータを用いてNerfactoを試してみましょう。

5.2.4　Viewerの立ち上げ

まず、下記からViewerを立ち上げましょう。

図 5.4: Viewerの立ち上げ

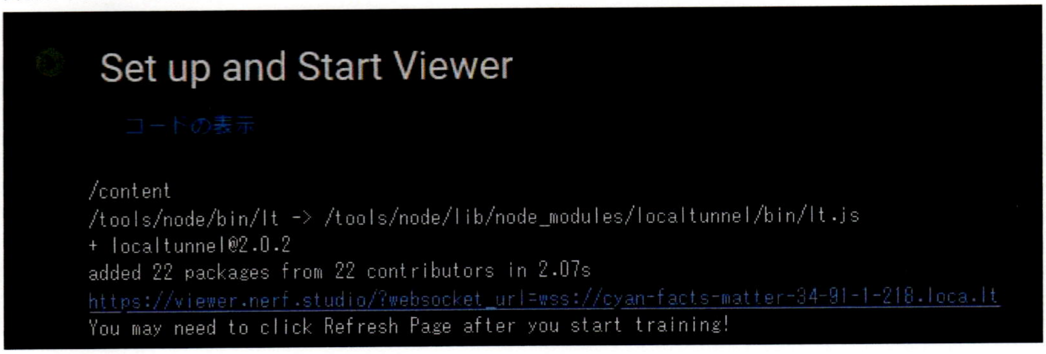

5.2.5　Sceneの学習

次に、下記からposterのSceneを学習させてみましょう。

第5章　Nerfstudioの環境構築しよう

図 5.5: Scene の学習

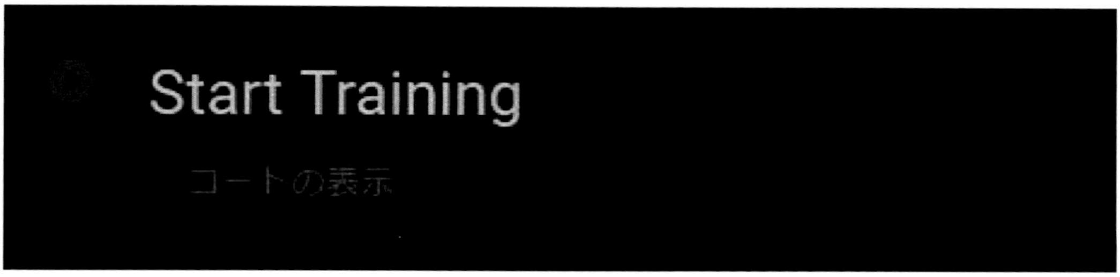

このノードの中身は、次のようになっています。

```
%cd /content
if os.path.exists(f"data/nerfstudio/{scene}/transforms.json"):
    !ns-train nerfacto --viewer.websocket-port 7007 //
    nerfstudio-data --data data/nerfstudio/[scene] --downscale-factor 4
else:
    from IPython.core.display import display, HTML
    display(HTML('<h3 style="color:red">Error: Data processing //
    did not complete</h3>'))
    display(HTML('<h3>Please re-run `Downloading and Processing Data`, //
    or view the FAQ for more info.</h3>'))
```

このコードの中で、特に NeRF を学習する部分は次の行です。

```
!ns-train nerfacto --viewer.websocket-port 7007 nerfstudio-data //
    --data data/nerfstudio/{scene} --downscale-factor 4
```

- nerfacto
  —NeRF のモデルである nerfacto を使用します。
- --viewer.websocket-port 7007
  —viewer の Port 番号 （今回は 7007）
- nerfstudio-data --data data/nerfstudio/|scene|
  —Input data の Path
  —この |scene| に学習させたいデータのディレクトリの名前が入ります。
- --downscale-factor 4
  —画像データをダウンサンプリングする回数（今回は 4 回）

5.2.6 Nerfstudio でのモデルの変更方法

Start Training のノードの中身の nerfacto 部分を変更することで、モデルを変更できます。
以下は、使用できるモデルの一部です。

第 5 章　Nerfstudio の環境構築しよう　　75

```
ns-train vanilla-nerf
ns-train mipnerf
ns-train nerfacto
ns-train instant-ngp
ns-train in2n
```

5.3 ローカルPCでNerfstudioを動かしてみましょう

5.3.1 実行環境

　Nerfstudioでは、NvidiaのGPUを使用するためにCUDA環境を用います。また、Pythonのバージョンの環境はConda環境を使用します。CUDAのバージョンは11.7もしくは11.8を使用します。Pythonのバージョンは3.8.16を使用します。pytorchのバージョンは2.0.1を使用します。Windowsで実行する場合のみ、Visual Studio 2022をインストールする必要があります。これはCUDAをインストールする前に行う必要があります。必要なコンポーネントはDesktop Development with C++ワークフロー（BuildTools版ではC++ Build Toolsとも呼ばれる）に含まれています。

5.3.2 Conda環境を作成

　まず、Conda環境を作成します。Condaは、Pythonパッケージの依存関係を管理し、簡単に異なるプロジェクトや作業環境を区切って管理できる方法です。Condaは、AnacondaやMinicondaをインストールすることで使用できます。Anacondaは、数百の科学計算やデータ分析に関連するパッケージがあらかじめインストールされており、インストール後すぐに多くの作業が可能です。そのため、手間のかかるインストール作業や細かな設定などの環境構築にかかる時間を短縮し、よく使うライブラリをまとめてインストールできます。Minicondaは、要最小限のライブラリだけが入っていて、自分で必要なライブラリを追加していく軽量版で、自由にカスタマイズできます。Nerfstudioを使用するには、Pythonのバージョンは3.8以上でなければいけません。

リスト5.1: Conda環境のセットアップ

```
conda create --name nerfstudio -y python=3.8
conda activate nerfstudio
python -m pip install --upgrade pip
```

　これで、Nerfstudioの環境のベースとなるPython環境を作れます。

5.3.3 必要なライブラリのインストール

　必要なライブラリとして、pytorch、Tiny-cuda-nnなどが必要です。

pytorchのインストール

76　　第5章　Nerfstudioの環境構築しよう

リスト5.2: CUDA11.7 の場合のpytorch のインストール

```
pip install torch==2.0.1+cu117 torchvision==0.15.2+cu117 //
--extra-index-url https://download.pytorch.org/whl/cu117
```

リスト5.3: CUDA11.8 の場合のpytorch のインストール

```
pip install torch==2.0.1+cu118 torchvision==0.15.2+cu118 //
--extra-index-url https://download.pytorch.org/whl/cu118
```

tiny-cuda-nnのインストール

pytorchを入れたら、tiny-cuda-nnをインストールします。

リスト5.4: tiny-cuda-nn のインストール

```
pip install ninja //
git+https://github.com/NVlabs/tiny-cuda-nn/#subdirectory=bindings/torch
```

5.3.4 Nerfstudio に必要な他のライブラリをインストール

リスト5.5: pip を使用する場合のnerfstudio のインストール

```
git clone git@github.com:nerfstudio-project/nerfstudio.git
cd nerfstudio
pip install nerfstudio
```

リスト5.6: github 上のコードからインストールする場合のnerfstudio のインストール

```
git clone git@github.com:nerfstudio-project/nerfstudio.git
cd nerfstudio
pip install --upgrade pip setuptools
pip install -e .
```

これで、Nerfstudioの環境を作ることができました。

5.4 実際にローカルPCでNerfstudioを動かしてみましょう

次のディレクトリに画像データを入れましょう。

第5章　Nerfstudioの環境構築しよう　｜　77

リスト 5.7: 入力データのディレクトリ
```
D:\NeRF\nerfstudio\data\nerfstudio
```

図 5.6: データの配置

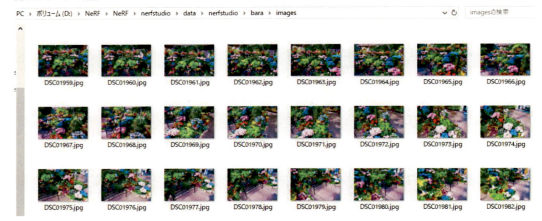

次にこの画像データのカメラ位置姿勢を推定します。

リスト 5.8: カメラ位置姿勢の推定
```
ns-process-data images --data data/nerfstudio/{Your Directory}/images //
--output-dir data/nerfstudio/{Your Directory}/colmap
```

このようにコマンドが出たら、カメラ位置姿勢の推定が完了です。

図 5.7: カメラ位置姿勢の推定完了

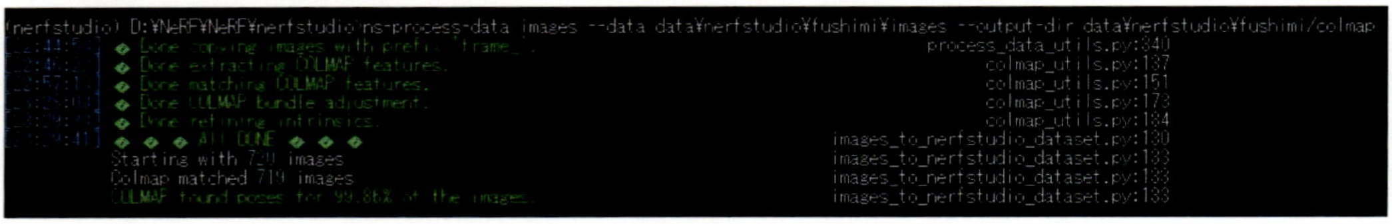

次にモデルを学習します。今回は、NeRFモデルのNefactoと3DGSモデルのSplatfactoを使用して説明していきます。

リスト5.9: モデルの学習

```
#NeRFモデル Nerfacto
ns-train nerfacto --data data/nerfstudio/{Your Directory}/colmap
#3DGSモデル Splatfacto
ns-train splatfacto --data data/nerfstudio/{Your Directory}/colmap
```

　このモデルを100％まで学習させると、チェックポイントが出力されます。そのモデルは次のコマンドにより可視化できます。

リスト5.10: モデルの可視化

```
ns-viewer --load-dir //
outputs\colmap\nerfacto\{your training Date and Time}\config.yml
```

　nerfactoは、次の4つの方法があります。

図5.8: nerfactoの方法

方法	特徴	必要なメモリ量	処理の速さ
nerfacto	デフォルトモデル	〜6GB	早い
nerfacto-big	より大型で高品質	〜12GB	遅い
nerfacto-huge	さらに大型で高品質	〜24GB	より遅い
depth-nerfacto	奥行きを制御する	〜6GB	早い

　Splatfactoは、次のふたつの方法があります。

図5.9: Splatfactoの方法

方法	特徴	必要なメモリ量	処理の速さ
splatfacto	デフォルトモデル	〜6GB	早い
splatfacto-big	より多くのGaussian、より高品質	〜12GB	遅い

　NeRFで高品質な作品を作る場合は、nerfacto-hugeを用います。3DGSで高品質な作品を作る場合は、Splatfacto-bigを用います。コマンドを次のように変更すると、使用できます。

第5章　Nerfstudioの環境構築しよう　　79

リスト5.11: モデル変更のコマンド

```
#NeRFモデル Nerfacto
ns-train nerfacto-huge --data data/nerfstudio/{Your Directory}/colmap
#3DGSモデル Splatfacto
ns-train splatfacto-big --data data/nerfstudio/{Your Directory}/colmap
```

　コマンドを使用すると、次のような画面になったら成功です。

図5.10: 学習中の画面

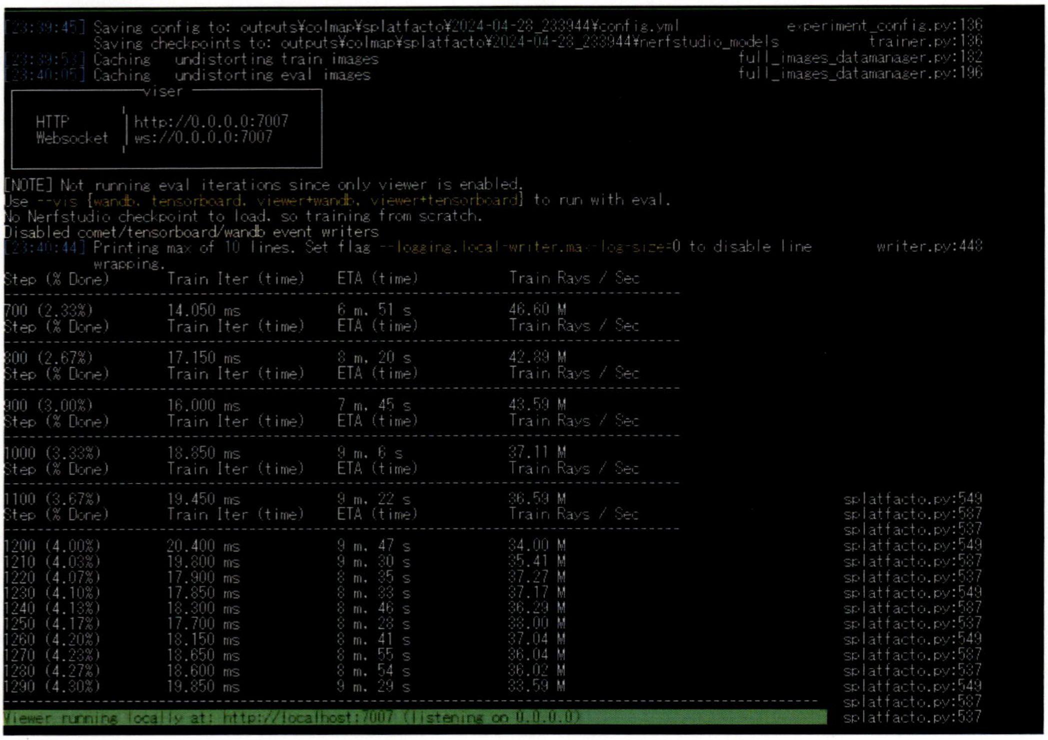

　次のコマンドで、Splatfactoで学習したデータをplyファイルとして出力できます。

リスト5.12: plyファイルの出力

```
ns-export gaussian-splat --load-config {your config} --output-dir exports/splat
```

5.5　Nerfstudioを使用して映像を出力する

5.5.1　ns-viewerでのやり方

　NerfstudioはPort経由により、ウェブビューワーで見ることができます。デフォルトでは、Port
は7007を使用します。このウェブビューワーを用いて、映像を出力していきます。次のコマンドを

80　　第5章　Nerfstudioの環境構築しよう

打ち、Nerfstudioを起動しましょう。

```
ns-viewer --load-dir //
outputs\colmap\nerfacto\{your training Date and Time}\config.yml
```

すると、Anaconda Prompt 上に次のコマンドが出てきます。

次の赤枠で囲まれた URL を Web ブラウザに入力すると、ウェブビューワーを見ることができます。

図 5.11: ウェブビューワー立ち上げのコマンド

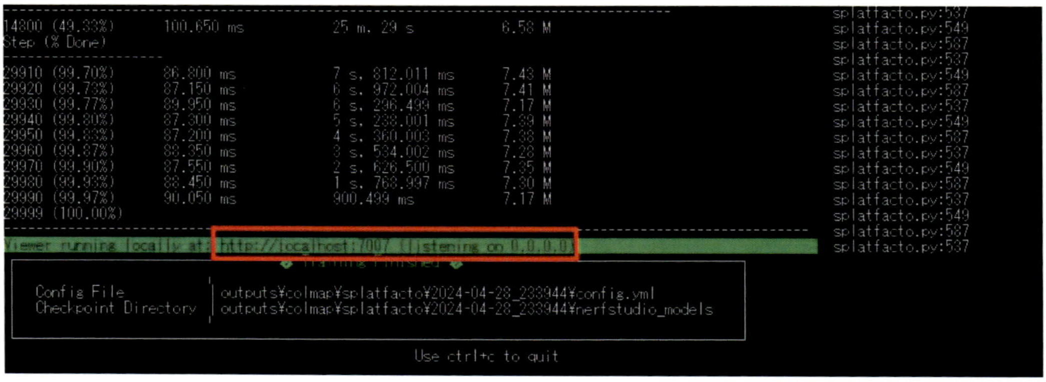

リスト 5.13: ウェブビューワー立ち上げのコマンド

```
https://localhost:7007
```

図 5.12: ウェブビューワーの画像

実際に、ns-viewer の GUI の使い方について説明していきます。

Viewer 上に、学習するための入力画像群が可視化されています。次の画像の右側のGUIのHide Train Camsを押すと、入力画像群が非表示になります。Show Train Camsを押すと、入力画像群が可視化されます。

図5.13: 入力画像群が非表示にされた画面

　次の画像の右側のGUIの赤枠のOutput typeをdepthにすると、NeRF/3DGSをある視点から見た2次元平面のデプス（奥行き）を見ることができます。

図5.14: NeRF/3DGSの奥行きが可視化された画面

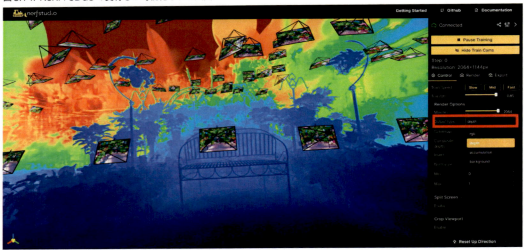

　次の画像の右側のGUIの赤枠のCropViewportのEnableにチェックをつけましょう。

82　第5章　Nerfstudioの環境構築しよう

図5.15: 可視化範囲の設定画面

すると、次の画像のように可視化範囲が制限されます。

図5.16: 可視化範囲が制限された画面

赤枠のCrop ViewportのEnableのチェックをつけると、可視化する範囲を指定できます。可視化する範囲に関しては、CropするCenter・Scale・Rotationの3つで制限できます。

図 5.17: 可視化範囲の指定（Center）

図 5.18: 可視化範囲の指定（Scale）

84　第 5 章　Nerfstudio の環境構築しよう

図 5.19: 可視化範囲の指定（Rotation）

次に、カメラワークの設定について説明していきます。

赤枠のRENDERボタンを押すと、カメラワークを設定できるUIに切り替わります。

図 5.20: カメラワークの設定

次の画像の赤枠のDefault FOVの値を変更すると、Field of View（視野）を変更できます。

第5章　Nerfstudioの環境構築しよう　　85

図 5.21: FOV の設定

次の画像の赤枠の Resolution の値を変更すると、レンダリングされる動画の解像度を変更できます。

図 5.22: Resolution の設定

次の画像の赤枠の CameraType は、Perspective・Fisheye・Equirectangular の 3 つから選択できます。

図 5.23: CameraType の設定

次の赤枠の ADD Keyframe を押すと、今見えている viewer の位置にカメラを設定できます。

図 5.24: カメラの位置姿勢の追加

複数のカメラ位置姿勢を追加すると、次のようにカメラを結ぶ線が表示されます。これが、カメラが移動する軌跡になります。

図5.25: カメラの位置姿勢の追加

カメラ位置姿勢をすべてクリアしたい場合は、次の画像の赤枠のClear Keyframesを押しましょう。

図5.26: カメラ位置姿勢をクリアする画面

すると、カメラ位置姿勢をクリアするか否かのGUIが表示されます。このGUIのYESを押すと、すべてのカメラ位置姿勢がクリアされます。

図 5.27: カメラ位置姿勢をクリアする GUI

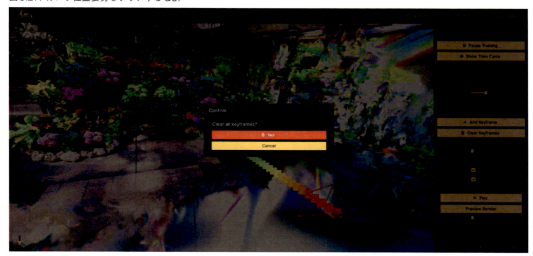

次の赤枠のボタンを切り替えることで、最後のカメラ位置姿勢が最初のカメラの位置に戻るか決めることができます。

図 5.28: カメラの位置がループしない状態

図5.29: カメラの位置がループする状態

赤枠のSpline tensionのスライダーを変えることで、カメラの移動の滑らかさを指定できます。

図5.30: カメラの滑らかさの指定（Smooth）

図 5.31: カメラの滑らかさの指定（Sharp）

赤枠の Move Keyframes のチェックをつけると、追加したカメラ位置姿勢の座標系が可視化されます。

図 5.32: カメラ位置姿勢の座標系の可視化

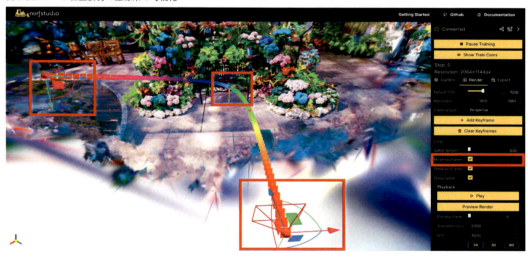

この座標系を動かすと、カメラ位置姿勢を調整できます。

図 5.33: カメラ位置姿勢の座標系の移動

次の画像の赤枠の Show Keyframes のチェックを外すと、Keyframe のオブジェクトが非表示になります。

図 5.34: Keyframe の非表示

次の画像の赤枠の Show spline のチェックを外すと、カメラの軌跡が非表示になります。

図 5.35: カメラの軌跡の非表示

次の画像の赤枠のPlayボタンを押すと、追加したカメラの軌跡を見ることができます。

図 5.36: カメラ位置姿勢の移動開始

次の画像の赤枠のPreview Renderを押すと、カメラ位置姿勢から見たPreview modeになります。

第5章 Nerfstudioの環境構築しよう　　93

図 5.37: Preview mode に入る画面

次の画像の赤枠の Exit Render Preview を押すと、Preview mode が解除されます。

図 5.38: Preview mode を解除する画面

次の画像の赤枠の Preview frame のスライダーを変えることで、Preview される Cameraframe を変更できます。

図 5.39: Preview される Cameraframe の変更

次の画像の赤枠のTransitionの数値を変更すると、各Keyframe間の時間（秒）を変更できます。この方法はすべてのKeyframe間の時間を変更します。

図 5.40: Preview される Cameraframe の変更

もし、ひとつ目からふたつ目のKeyframe間の時間と、ふたつ目と3つ目のKeyframe間の時間を別々に設定する場合は、次の画像の赤枠のKeyframeの間にある赤い点をクリックしましょう。

図 5.41: Keyframe 間の時間を別々での設定方法

すると、次の画像のように GUI が表示されます。Override transition にチェックをつけ、下の数値を変更することで、別々に設定できます。

図 5.42: Override transition GUI

次の画像の赤枠の FPS の数値を変更すると、レンダリングされる動画の FPS を変更できます。

図 5.43: レンダリングされる動画の FPS の変更

次の画像の赤枠の Duration は、各 Keyframe 間の時間（秒）を合計した秒数になります。

図 5.44: レンダリングされる動画の時間（秒）

設定したカメラワークを保存するには、赤枠の Generate Command を押すと json ファイルが保存できます。この json ファイルには、各カメラ位置姿勢などのカメラ情報が入ってます。

第 5 章 Nerfstudio の環境構築しよう

図 5.45: カメラワークの生成

jsonファイルは、次のPathに入っています。

```
nerfstudio\data\nerfstudio\{Your data}\colmap\camera_paths
```

また、jsonファイルが保存されるのと同時に次の画面が出てくるので、赤枠のCOPY COMAND を押すとコマンドをコピーできます。

図 5.46: コマンドのコピー

コピーしたコマンドは次のとおりです。

```
ns-render camera-path --load-config config_base_dir/config.yml //
--camera-path-filename data_base_dir/camera_paths/{export_path_name}.json //
--output-path renders/data_base_dir/{export_path_name}.mp4
```

- --load-config config_base_dir/config.ymlは、学習したモデルのconfigファイルを指定します。
- --camera-path-filename data_base_dir/camera_paths/export_path_name.jsonは、先ほど指定したカメラワークが保存されたjsonファイルを指定します。
- --output-path renders/data_base_dir/export_path_name.mp4は、出力するファイルを指定します。

Nerfstudioを一度止め、コマンドを入力すると指定したカメラワークがレンダリングされた動画を出力します。

図5.47: Nerfstudioでのレンダリング結果

今回保存したjsonファイルをもう一度NerfstudioでLoadしたい場合は、次の画像の赤枠のLoad Pathを押し、jsonファイルを選択してください。jsonファイルを選択することで、jsonファイル内の各カメラの位置姿勢などがLoadされます。

図 5.48: Path の Load の方法

図 5.49: Load する json ファイルの選択

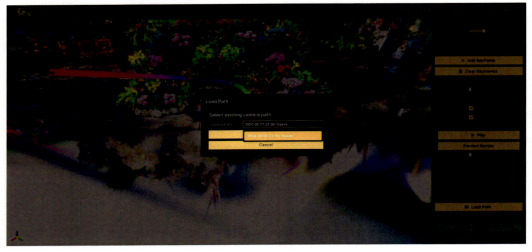

このように、Nerfstudio は、GUI でカメラワークの設定などを直感的に決めることができます。

この章では、実際に Nerfstudio というライブラリを使って NeRF/3DGS を動かし、3D シーンを作成するプロセスを体験しました。直感的に 3D シーンを作成するプロセスを体験できました。

次の章では、Volinga AI というプラットフォームを使用して、NeRF/3DGS を動かし、3D シーンを作成するプロセスを体験します。

第6章　VolingaのNeRF/3DGSの環境構築を しよう

担当: Aster

第5章では、Nerfstudioを使いNeRF/3DGSを動かしてみました。第6章では、実際にVolingaというプラットフォームを使ってNeRF/3DGSを動かし、3Dシーンを作成するプロセスを体験します。2024/04/28時点での環境を使用して説明します。Volingaは画像や動画のアップロードをするだけで、NeRF/3DGSのトレーニングを行えることが大きな特徴です。

この章の構成は次のとおりです。

・6.1 Volinga AIとは

・6.2 Volinga AIでNeRF/3DGSをやってみよう

・6.3 Unreal Engine5でNeRF/3DGSを可視化しよう

・6.4 NerfstudioでトレーニングしたNeRF/3DGSモデルをVolingaAIで使ってみよう

6.1　Volinga AIとは

Volinga AI[1]は、バーチャルプロダクションのためのNeRF/3DGSを生成・使用するためのエンドツーエンドのパイプラインを提供するSaaSプラットフォームです。Volingaサイトを利用することで、ユーザーは3Dシーンの画像や動画をアップロードし、NVOLファイルに埋め込まれたNeRF/3DGSに変換できます。そのNVOLを使用して、UE5上で可視化できます。このように、Volingaは画像や動画のアップロードをするだけで、NeRF/3DGSのトレーニングを行えます。さらに、Volingaでは、Nerfstudioを使ってトレーニングした既存のNeRFモデルをNVOLファイルに変換できます。また、トレーシングした3DGSのplyファイルも、NVOLファイルに変換できます。そのため、誰でも自分のユースケースに最適なパラメータを使用して、NeRF/3DGSを生成できます。

Volingaのプランは、次のとおり3つのプランがあります。今回は、Volingaのプランは無料版のVolinga Suiteを使用します。

学習データは次のデータを使用します。データはこちらからダウンロード

1.Volinga AIのサイト: https://volinga.ai

図6.1: Volinga AI のプラン

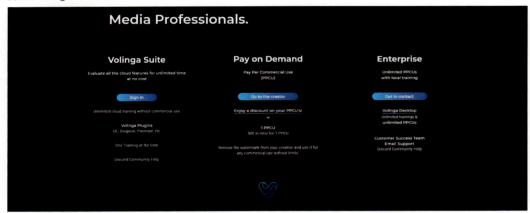

また、Volinga は Desktop 版と Web 版のふたつがあります。Desktop 版は、Local での処理が可能であることと有料版の場合、学習のパラメータ調整を行えるのが Web 版との違いです。今回は、Web 版を使用します。

図6.2: Volinga Desktop

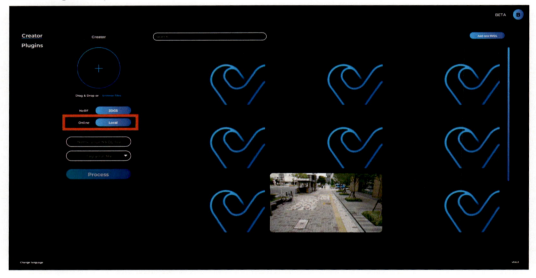

図6.3: Volinga Desktop Parameter

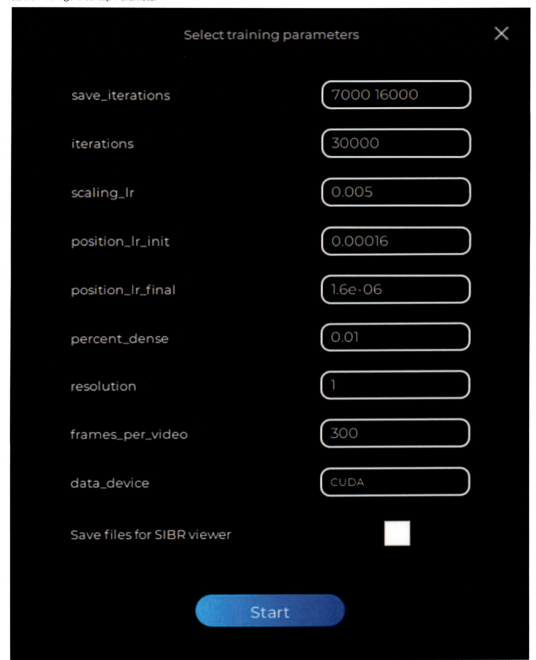

6.2 Volinga AIでNeRF/3DGSをやってみよう

Volinga AIを使うために、まずはアカウント登録しましょう。

図 6.4: アカウント登録

アカウントを作成したら、ログインしましょう。

図 6.5: ログイン画面

ログインしたら、次のページになります。

104　第 6 章　Volinga の NeRF/3DGS の環境構築をしよう

図 6.6: ユーザー画面

次に任意の画像・動画を赤枠にドラッグ＆ドロップしましょう。

図 6.7: NeRF を行う

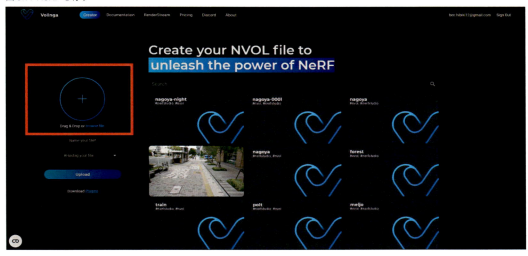

容量は最大 5GB または画像が 800 枚までなので、注意しましょう。ドラッグ＆ドロップすると、赤枠が Ready に変化します。

図 6.8: Ready 画面

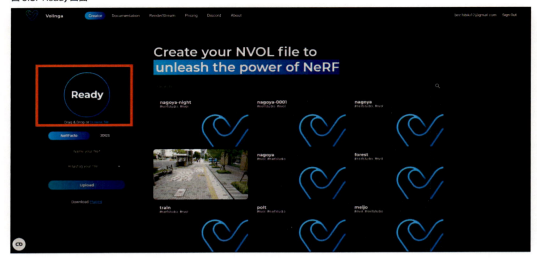

次の赤枠を設定しましょう。

図 6.9: 入力画面

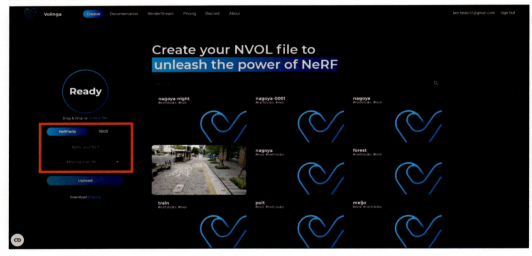

- Nerfacto or 3DGS
  —Nerfactoか3DGSのどちらで学習するか選択することができます。
- Name your file
  —ファイル名を入力
- Hastag your file
  —付けたいハッシュタグを入力

設定が終わったら、赤枠のUploadを押し、選択した画像・動画を学習させましょう。

106　第6章　VolingaのNeRF/3DGSの環境構築をしよう

図 6.10: アップロード画面

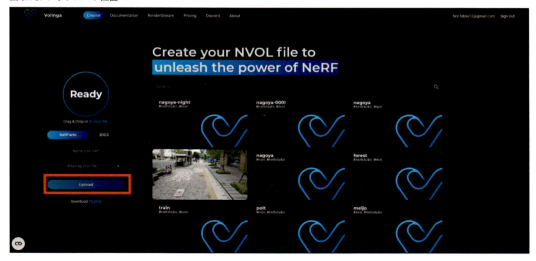

Uploadボタンを押すと、次のようにアップロードが始まるので、終わるまで待ちましょう。

図 6.11: アップロード中

6.3 Unreal Engine5でNeRF/3DGSを可視化しよう

次は、NVOLファイルを使用して、Unreal Engine5内でNeRFを表示できるようにしましょう。まず、UnrealEngine5プラグインをダウンロードしましょう。今回は、Unreal Engine5.3・プラグインのVersionは0.3.2を使用します。プラグインを使用するには、少なくともNVIDIA RTX 3060 GPUの使用を推奨となっています。

図 6.12: Plugin

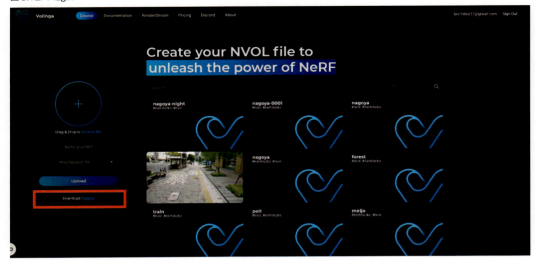

上記の赤枠のDownload Pluginsを押しましょう。
すると、次のようなプラグイン一覧になります。

図 6.13: プラグイン一覧

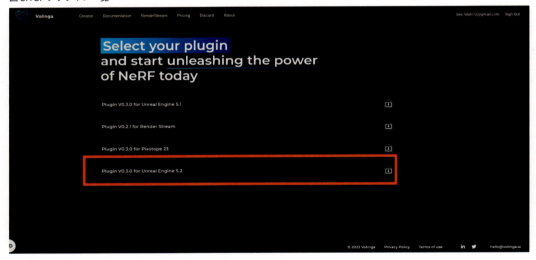

UEのバージョンに合うPluginをクリックして、ダウンロードしましょう。
次に、UE5でプロジェクトを作りましょう。
今回は映画、テレビ、ライブイベントのVirtual Productionのプロジェクトで作りました。

図 6.14: プロジェクト作成画面

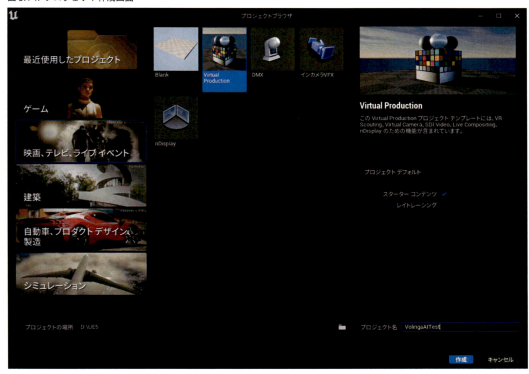

　プロジェクトが立ち上がったら、先ほどダウンロードしたPluginをUE5内に追加しましょう。次の赤枠のように、UE5のプラグイン内にダウンロードしたVolingaのプラグインを追加します。

図 6.15: UE5 の Plugin ディレクトリ

入れ終わると、次のようにVolingaのプラグインが出てくるようになるはずです。checkButtonを
チェックをつけて、一度プロジェクトを終了してください。

図 6.16: VoligaAI の Plugin

110　第6章　VolingaのNeRF/3DGSの環境構築をしよう

次に、プロジェクト内の設定をしていきます。プロジェクトを立ち上げたら、Volinga AIでダウンロードしたNVOLファイルをコンテンツディレクトリ直下に入れましょう。

図6.17: NVOLファイルのインポート先

次に、Actorを追加でVolinga Nerf Actorがあるか確認します。

図6.18: Actor確認画面

次に、上記のVolinga Nerf Actorをアウトライナーの方にドラッグ＆ドロップしましょう。

第6章　VolingaのNeRF/3DGSの環境構築をしよう　111

図 6.19: Volinga Base Actor

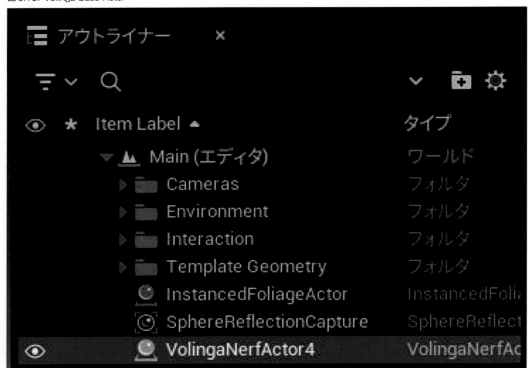

次に、nerf Settings の NVOL に先ほど入れた NVOL ファイルを設定しましょう。入れたら、矢印ボタンも押して適用させましょう。

図 6.20: NVOL ファイルの設定前

図 6.21: NVOL ファイルの設定後

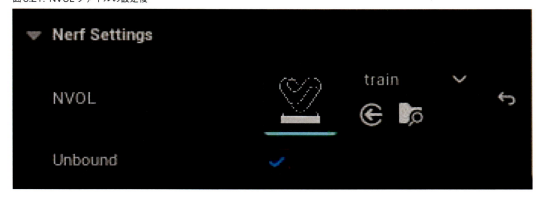

次に、下の赤枠のボタンを押してください。

図 6.22: 実行ボタン

すると、次のように UE5 内で NeRF が見えます。

図 6.23: 実行結果

このように、Volinga でトレーニングしたモデルを Unreal Engine5 などでリアルタイムレンダリ

第 6 章　Volinga の NeRF/3DGS の環境構築をしよう　113

ングできました。

6.4 NerfstudioでトレーニングしたモデルをVolingaAIで使ってみよう

Volingaでは、NerfstudioでトレーニングしたモデルをNVOLファイル（Volinga特有のファイル）に変換することで、Unreal Engine5などでリアルタイムレンダリングできます。本節では、Nerfacto・Splatfactoを使用した方法を記述します。

6.4.1 Nerfstudioからのアップデート方法

本節では、NerfstudioでトレーニングしたNeRFモデルをVolingaにアップロードするまでの流れについて記述しています。NerfstudioでNerfactoの学習をしましょう。VolingaでNerfactoを使うためのコマンドは次のとおりです。トレーニングモデルのvolingaの中身は、Nerfactoになります。

```
ns-train volinga --data /path/to/your/data
```

Splatfactoの学習するコマンドは次のとおりです。

```
ns-train splatfacto --data /path/to/your/data
```

上記のいずれかで学習しましょう。

コマンドを実行すると、次のような画面になります。

図6.24: Nerfstudioの学習画面

緑の枠で出ている次のようなURLのWebブラウザに入力すると、ウェブビューワーを見ることができます。

図 6.25: Nerfstudio ビューワー

学習が終わるまで待ちましょう。次の赤枠のパーセントが 100% になると、学習が終了となります。

図 6.26: Nerfstudio の学習画面

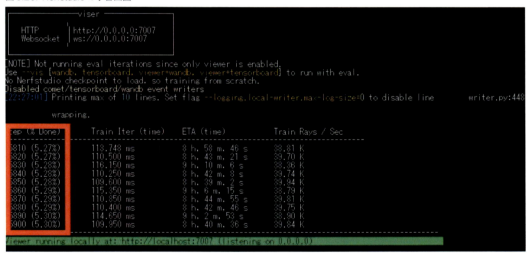

学習が終了すると、次のような画面になります。

図 6.27: Nerfstudio の学習画面

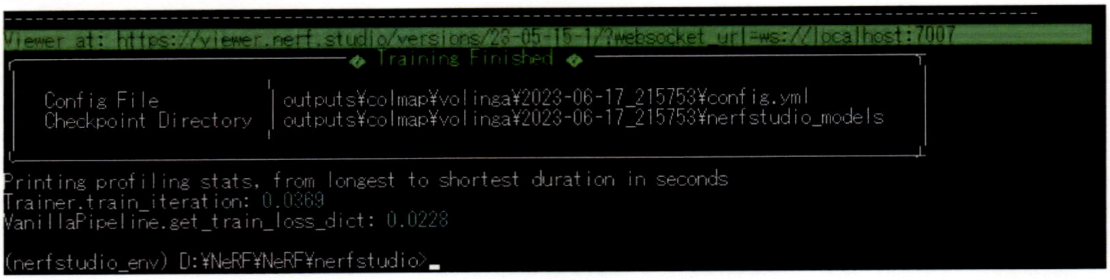

　上記の画像のように学習が終わったら、次のディレクトリにあるチェックポイント（CKPT）ファイルがあるのを確認します。Nerfacto は、この CKPT ファイルを Volinga AI で使います。Splatfacto の場合は、ply ファイルに変換する必要があります。

Nerfstudio\outputs\colmap\Volinga\2023-06-17_215753\Nerfstudio_models

図 6.28: CKPT ファイル

名前 ^	更新日時	種類	サイズ
step-000029999.ckpt	2023/06/17 22:17	CKPT ファイル	171,830 KB

　次のコマンドで、Splatfacto で学習したデータを ply ファイルとして出力できます。

116　　第 6 章　Volinga の NeRF/3DGS の環境構築をしよう

リスト 6.1: ply ファイルの出力

```
ns-export gaussian-splat --load-config {your config} --output-dir exports/splat
```

　このページの赤枠の部分に、Nerfstudio で出力した学習のチェックポイント（CKPT ファイル）もしくは、変換した ply ファイルをドラッグ＆ドロップしましょう。

図 6.29: アップロード方法

　名前は適当に入れて、ハッシュタグに関しては #nerfstuio #NVOL を入れておきましょう。ハッシュタグを入れておくと、フィルタリングができるため、あとから確認が楽になります。
　そしたらアップロードしてください。アップロードすると、次の画面になります。

図 6.30: Upload 中

　しばらく web ブラウザを閉じずに待ってください。
　アップロードが完了すると、NVOL ファイルを出力できるようになります。

第 6 章　Volinga の NeRF/3DGS の環境構築をしよう　　117

この章では、実際にVolinga AIというプラットフォームを使用して、NeRF/3DGSを動かし、3Dシーンを作成するプロセスを体験しました。直感的に、3Dシーンを作成するプロセスを体験できました。

　次の章では、Postshotというアプリを使用して、NeRF/3DGSを動かし、3Dシーンを作成するプロセスを体験します。

第7章　Postshotで3DGSを動かそう

担当: Aster

　第6章では、Volingaというプラットフォームを使ってNeRF/3DGSを動かしました。第7章では、Postshotというアプリを使って3DGSを動かし、3Dシーンを作成するプロセスを体験します。2024/05/06時点での環境を使用して説明します。

　この章の構成は次のとおりです。
・7.1 Postshotとは
・7.2 Postshotを使ってみよう
・7.3 Postshotを使用して映像を出力しよう
・7.4 Postshotで学習したデータをAfterEffectで映像を出力しよう

7.1　Postshotとは

　Postshot[1]は、NeRF/3DGSを生成・使用するためのエンドツーエンドのアプリです。アプリをダウンロードするだけでNeRF/3DGSを作成できるため、環境構築が一切いらないのが特徴です。Postshotは、シームレスなワークフローに統合されたNeRFと3DGS技術を使用して、高速でメモリ効率の高い学習を提供します。学習する際に、Cloudにあげる必要がなく、完全にLocalで学習を行えます。

　Postshotで学習した3DGSは第6章で記載したVolingaのNVOLファイルに変換できます。

　システム要件は、Windows 10以降、Nvidia GPU GeForce RTX 2060、Quadro T400/RTX 4000以上となります。

　次のように、皆さんが聞いたことのあるようなNASAやDisneyなどが、Postshotのスポンサーであるのも特徴です。

1.Postshot: https://www.jawset.com/

図 7.1: Some of Postshot Customers

7.2 Postshotを使ってみよう

　Postshotで、3DGSを動かす方法を説明していきます。まず、Postshotを公式のホームページからダウンロードしましょう。

　ダウンロードが終わったら、立ち上げると次の画面になります。

図 7.2: Postshot Home

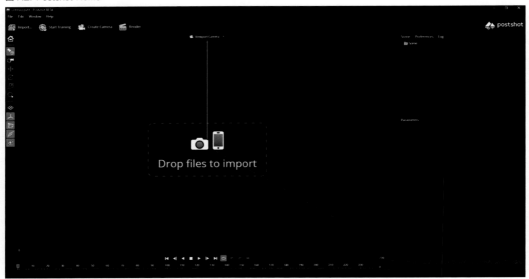

　学習したい画像をすべて選択して、ドラッグ＆ドロップしてください。

図 7.3: Drop files

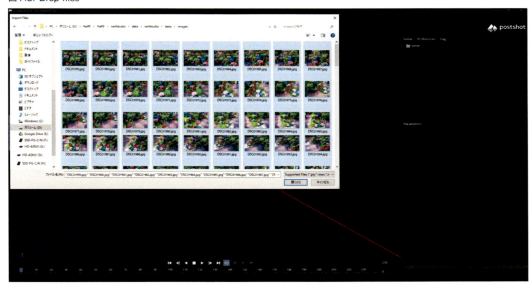

ドラッグ&ドロップしたら、次のように学習のパラメータを調整できます。

図 7.4: Training Configuration

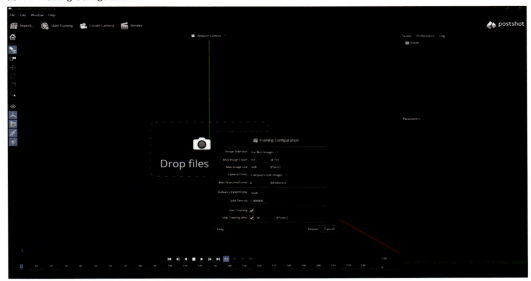

パラメータに関しては次のとおりです。

・Image Selection（画像選択）

　—最適な画像を使用する: Postshot は、カメラトラッキングと radiance field training に適切な、鮮明でシーン全体に均等に分布する画像を選択します。特定の画像を事前に選択したくない場合は、この設定を使用することをお勧めします。

―すべての画像を使用する: インポートされたすべての画像がトラッキングとトレーニングに使用されます。この設定では、たとえばインポートされた画像にぼやけたものが含まれている場合、最適な画像を使用する設定よりも劣る結果になる可能性があります。画像シーケンスが事前に選択されている場合にのみ、この設定を使用することをお勧めします。

・Max Image Count（最大画像数）

―上記の最適な画像を使用する設定を使用する場合、最大画像数はインポートされた画像シーケンスから選択される画像の数を指定します。典型的な値は100から300の範囲です。100未満の画像数も可能ですが、ほとんどの場合、合理的な結果を得るには、100枚以上の画像が必要です。多くの画像を使用しても品質は損なわれません（すべての画像が鮮明で追跡可能である場合）。しかし、非常に類似した視点から撮影された画像を使用しても、シーンについての追加情報がradiance fieldに十分でないため、処理時間を正当化することはありません。

・Max Image Size（最大画像サイズ）

―Postshotは、大きな寸法が最大画像サイズ値を超えないように画像サイズを縮小します。現時点でDSLMが生成する4K-8Kのような非常に高解像度の画像は、学習に過剰となります。画像が小さいほどSplatトレーニングは速くなります。NeRFトレーニングは同じ速さで実行されるように見えますが、radiance fieldがシーン全体を「見る」までの時間は長くなります。したがって、高解像度で実験を特に行わない限り、デフォルトを維持するか、さらに低下させてトレーニングを速くすることをお勧めします。

・Camera Poses（カメラ位置姿勢）

―画像またはビデオをインポートする際、Postshotは画像からカメラ位置姿勢を計算します。これはカメラトラッキングとも呼ばれる多段階のプロセスであり、radiance field trainingが開始される前に時間がかかります。すでにツールで撮影をトラッキングしている場合は、カメラポーズもインポートできます。これを行うには、画像とカメラポーズデータベースの両方をPostshotにドロップします。

・Max Features/Frame（フレームあたりの最大特徴数）

―この値は、カメラトラッキング中に1フレームで抽出される特徴点の最大数を制御します。特徴が多く抽出されるほど、より多くの3Dポイントが生成されます。これはカメラポーズの精度を向上させ、Splatプロファイルを使用する場合はradiance fieldの品質を向上させるのにも役立ちます。ただし、数が多いとトラッキングプロセスに時間がかかることがあります。4kFeaturesより低い数では、トラッキングが失敗する可能性があります。

・Radiance Field Profile（Radiance Field プロファイル）

―Postshotは、radiance fieldを作成するために、ふたつの異なるモデルをサポートしています: Gaussian Splatting（Splat）と Neural radiance field（NeRF）。

図 7.5: Image Selection

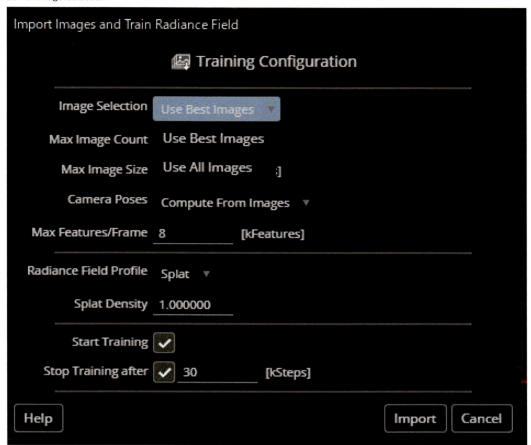

図 7.6: Radiance Field Profile

Import Images and Train Radiance Field

📲 Training Configuration

Image Selection	Use Best Images ▼
Max Image Count	193 of 193
Max Image Size	1600 [Pixels]
Camera Poses	Compute From Images ▼
Max Features/Frame	8 [kFeatures]
Radiance Field Profile	Splat ▼
Splat Density	Splat
	NeRF S
Start Training	NeRF M
Stop Training after	[kSteps]
	NeRF L
Help	NeRF XL Import Cancel
	NeRF XXL

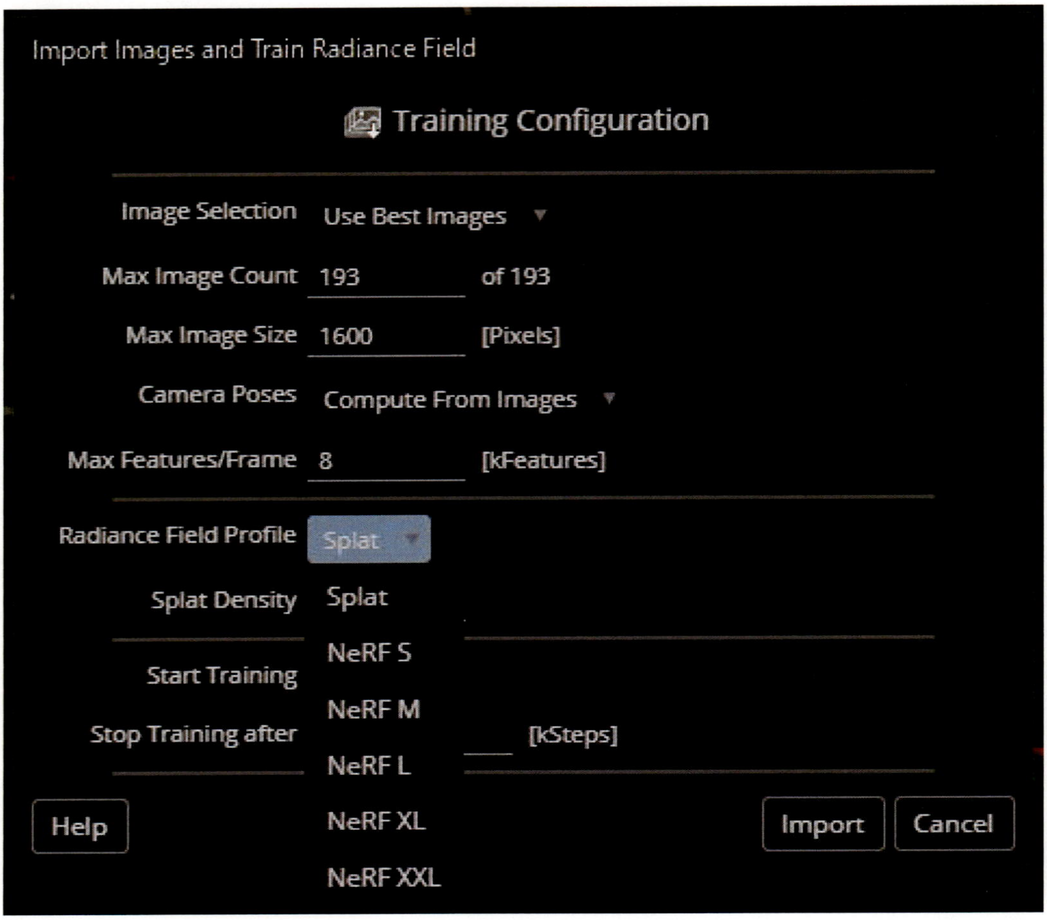

Import を押すと、学習が始まります。

124　第 7 章　Postshot で 3DGS を動かそう

図 7.7: Training Start

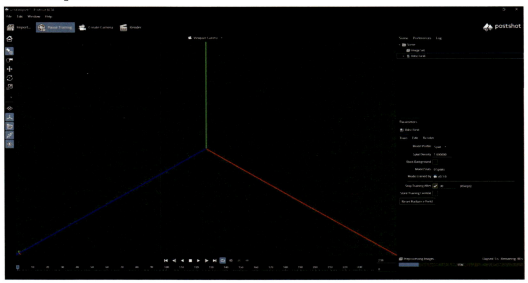

しばらく待つと、次のようにPoint Cloudが可視化されます。

図 7.8: Point Cloud

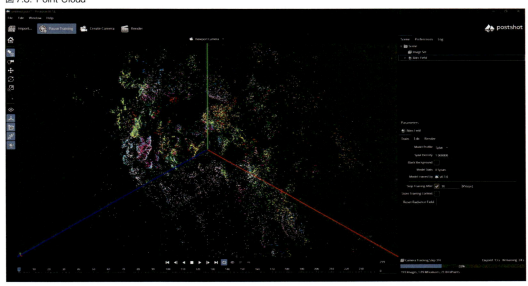

さらに待つと3DGSが可視化されます。モデルがトレーニングしている間、シーンがリアルタイムで学習されるところを見ることができます。

図 7.9: Trainig 3DGS（0%）

図 7.10: Trainig 3DGS（25%）

図 7.11: Trainig 3DGS（50%）

図 7.12: Trainig 3DGS（75%）

学習が終わると、次のようなポップアップが表示されます。

図 7.13: Complete Training

次の画面の左側の赤枠の Origin ボタンを押すと、原点の座標系が非表示になります。

図 7.14: 原点の座標系の非表示

次の画面の左側の赤枠の CameraPos ボタンを押すと、入力データのカメラ位置姿勢が非表示になります。

図 7.15: カメラ位置姿勢の非表示

次の画面の左側の赤枠の Point Cloud ボタンを押すと、Point Cloud が非表示になります。

図 7.16: Point Cloud の非表示

7.2.1　Postshot を使用して映像を出力しよう

Postshot で映像を出力していきます。まず、次の画面の赤枠の Create Camera Button を押してください。

第 7 章　Postshot で 3DGS を動かそう　　129

図 7.17: CreateCamera

すると Camera が追加されて、Viewer にも Camera が表示されます。

図 7.18: Camera 位置姿勢の可視化

次に追加した Camera に Viewer の画面を変更します。次の画面の赤枠の Camera の設定を変更してください。

図7.19: Viewerのカメラを変える

すると、Cameraが変更されます。

図7.20: 選択したカメラにPreview

　次に、カメラワークを設定していきます。見せたいカメラ位置姿勢に移動し、次の画面の赤枠のKeyframe Buttonを押してください。押すと、指定したframe数の場所にKeyframeが追加されます。

図 7.21: Keyframe の追加

次の画面の赤枠の Start（Stop）Button を押すと、カメラの移動を見ることができます。見ながらカメラワークを調整していきましょう。

図 7.22: カメラ位置姿勢の移動開始

カメラのパラメータは、次の画面の赤枠のところから変更できます。

図 7.23: カメラのパラメータ調整

設定したカメラワークをレンダリングしていきましょう。次の画面の赤枠のRender Buttonを押してください。

図 7.24: レンダリングを行う

Render Output Pathが設定されていない場合は、保存先をどこにするのか出てきます。保存先を決めたら、レンダリングされます。

第 7 章 Postshotで3DGSを動かそう | 133

図 7.25: レンダリング中

このように、Postshotを使用してカメラワークを設定し、レンダリングできました。

7.3 Postshotで学習したデータをAfterEffectで映像を出力しよう

次に、Postshotで学習したデータをAfterEffectで映像を出力します。Postshotは、統合されたレンダリングと合成のために、Adobe After Effectsに3DGSをImportできます。

はじめに、コンポジションを追加します。

図 7.26: 新規コンポジションの追加

次に、平面レイヤーを追加します。

図 7.27: 平面レイヤーの追加

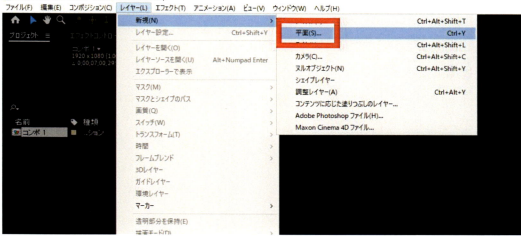

追加した平面レイヤーを右クリックしてください。

図 7.28: 平面レイヤーを選択

右クリックして、エフェクト->Jawset->Postshotを追加してください。

図 7.29: Postshot Effect を追加

Postshot を追加したら、平面レイヤーのエフェクトコントロールから Select File をクリックしてください。

図 7.30: File を選択

クリックしたら、Postshot のファイル（psht）を選択してください。

136　第 7 章　Postshot で 3DGS を動かそう

図7.31: Postshotファイルを選択

Postshotのファイルを選択すると、次のようにViewerを見ることができます。

図7.32: 3DGSの可視化

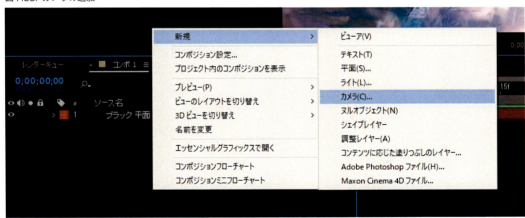

次にカメラを追加します。

図7.33: カメラの追加

カメラ位置姿勢の変更方法は、次の図の3つの方法で変更できます。

第7章　Postshotで3DGSを動かそう　137

図 7.34: カメラ位置姿勢の変更方法

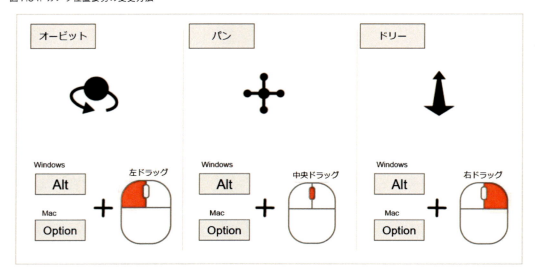

任意の位置姿勢にカメラを移動させたら、Keyframeを打ちます。

複数のKeyframeを打って、再生するとカメラ位置姿勢が移動し、それに合わせて3DGSのViewerも更新されます。

図 7.35: Keyframeを設定

図 7.36: ふたつ目のKeyframeを設定

Keyframeの指定が終わったら、書き出しをしましょう。ファイル->書き出し->レンダーキューに追加します。

図7.37: レンダーキューに追加

動画の出力先を指定してください。

図7.38: 出力先の指定

出力先を設定したら、レンダリングボタンを押してください。

図7.39: Rendering Start

これにより、指定したKeyframeに沿った映像を出力できます。

この章では、実際にPostshotというアプリを使用して、NeRF/3DGSを動かし、3Dシーンを作成するプロセスを体験しました。また、直感的に3Dシーンを作成するプロセスを体験できました。

次の章では、Instant-ngpを使用して、NeRFを動かし、3Dシーンを作成するプロセスを体験します。

第8章 Instant-NGPの環境構築しよう

担当: Aster

第7章では、Postshotを使い3DGSを動かしてみました。

第8章では、Instant-NGPを用いてNeRFのトレーニングをリアルタイムで行います。Instant-NGP は、ニューラルネットワークの最適化、データ構造、およびアルゴリズムの最新技術を駆使し、従来よりもはるかに迅速にNeRFを学習させることが可能になる進歩した技術です。Nerfstudioと Instant-NGPの使い分けは、リアルタイムでのレンダリングと高速な結果が必要な場合はInstant-NGP、学習目的や詳細なパラメータのカスタマイズが必要な場合は、Nerfstudioを選択するのをお勧めします。

この章の構成は次のとおりです。

・8.1 Instant-NGPの環境構築
・8.2 Instant-NGPで狐を出そう
・8.3 カスタムデータでInstant-NGPを動かそう
・8.4 Instant-NGPで映像を出力してみよう

8.1 Instant-NGPとは

Instant-NGP（Instant Neural Graphics Primitives）は、さまざまなニューラルグラフィックス関連のタスクを高速に処理するためのフレームワークです。この技術は、特にNeural Renderingや三次元再構築などの分野での応用が期待されています。Instant-NGPは、高度なオプティマイゼーションとハードウェア利用することで、リアルタイムでのパフォーマンスを実現しています。NeRFの技術の盛り上がり始めに出て、話題になった技術です。

8.2 Instant-NGPの環境構築

Intant-ngpには必要なライブラリがあります。Instant-NGPに必要なライブラリとして、Visual Studio、CUDA、CMake、Python、OptiX、Vulkan SDKがある。Visual Studioをインストールしてから、CUDAをインストールする必要があります。CUDAを先に入れると途中で次のエラーが出るため、注意してください。

図8.1: MSVC エラー

```
(instantngp) C:\Users\sekil\nerf\instant-ngp>cmake . -B build
-- Selecting Windows SDK version 10.0.19041.0 to target Windows 10.0.22621.
-- The CUDA compiler identification is NVIDIA 11.8.89
-- Detecting CUDA compiler ABI info
-- Detecting CUDA compiler ABI info - done
-- Check for working CUDA compiler: C:/Program Files/NVIDIA GPU Computing Toolkit/CUDA/v11.8/bin/nvcc.exe - skipped
-- Detecting CUDA compile features
-- Detecting CUDA compile features - done
-- Obtained CUDA architectures automatically from installed GPUs
-- Targeting CUDA architectures: 86
-- Module support is disabled.
-- Version: 9.1.1
-- Build type:
CMake Error at dependencies/tiny-cuda-nn/dependencies/fmt/CMakeLists.txt:234 (target_compile_features):
  target_compile_features no known features for CXX compiler

  "MSVC"

  version 19.29.30151.0.


-- Could NOT find Vulkan (missing: Vulkan_LIBRARY Vulkan_INCLUDE_DIR)
CMake Warning at CMakeLists.txt:117 (message):
```

このエラーは Visual Studio CUDA 統合が正しくインストールされておらず、出るエラーです。ですので、Visual Studio をインストールしてから、Nvidia の環境を作りましょう。

・推奨環境

——Windows と Linux の共通環境

・NVIDIA GPU。テンソルコアが利用可能な場合は性能が向上します。すべての結果は RTX 3090 によるものです。

・C++14 対応コンパイラ。次の選択肢が推奨され、テスト済みです：

・CMake v3.21 以上。

・（オプション）Python 3.7 以上（対話型バインディング用）。また、pip install -r requirements.txt を実行してください。

・（オプション）メッシュ SDF トレーニングの高速化のための OptiX 7.6 以上。

・（オプション）DLSS サポートのための Vulkan SDK。

——Windows

・Visual Studio 2019 または 2022

・CUDA の最新バージョン（CUDA11.5 以上）

——Linux

・GCC/G++ 8 以上

・CUDA の最新バージョン（CUDA 10.2 以上）

8.2.1　Visual Studio のインストール

今回は Visual Studio2019 をインストールします。次の URL から Visual Studio2019 をダウンロードしてください。

https://visualstudio.microsoft.com/ja/vs/older-downloads/

ダウンロードが終わったら、Visual Studio Installer を立ち上げて、変更ボタンを押してください。

図 8.2: Visual Studio のインストール手順

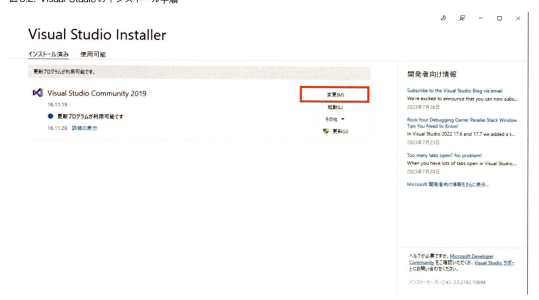

次の画面に遷移します。C++ によるデスクトップ開発のチェックを入れて、Visual Studio2019 をインストールしてください。

図 8.3: Visual Studio のインストール手順詳細

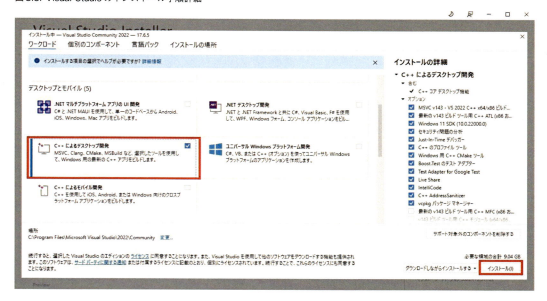

8.2.2　Cmake のインストール

今回は Cmake3.22.3 をインストールします。次の URL から Cmake3.22.3 をダウンロードしましょう。
https://github.com/Kitware/CMake/releases/tag/v3.22.3

図 8.4: Cmake のインストール手順

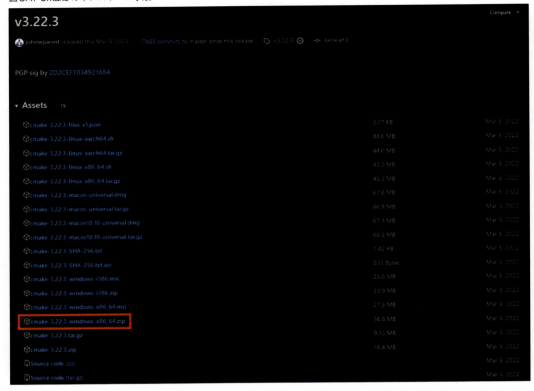

インストールするとき、Path を通しておくようにしましょう。

8.2.3　Nvidia Driver のインストール

　Instant-NGP は、GeForce RTX3090〜が推奨です。GeForce RTX1080 でも動作しますが、かなり処理が重いです。Tensor Core が使用可能である場合、パフォーマンスが向上します。Tensor Core は、NVIDIA 社が開発したディープラーニングに特化した演算回路のことです。

　Nvidia のドライバーを入れていない場合、次の URL からドライバーをダウンロードしてください。
https://www.nvidia.co.jp/Download/index.aspx?lang=jp

　上記の URL を開くと次のような画面になる、製品のタイプなどを自分の環境に合わせて選択してください。

図8.5: Nvidia Driver の選択手順

左下の探すボタンを押し、次の画面に遷移される、左下のダウンロードボタンからドライバーを
ダウンロードしてください。

図8.6: Nvidia Driver のダウンロード手順

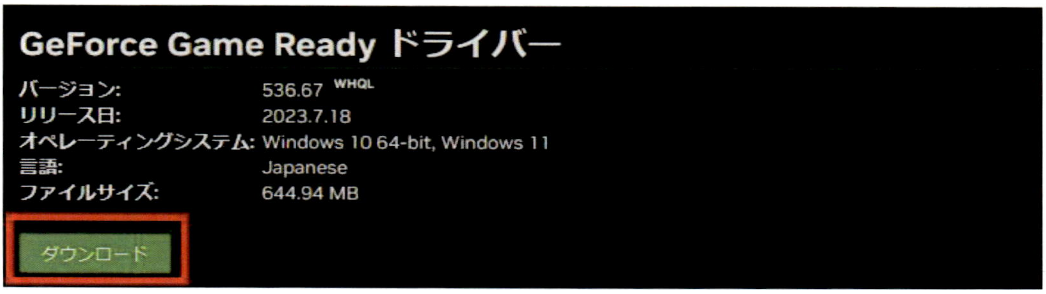

8.2.4　CUDA Toolkit のインストール

Nvidia Driver をインストールしたら、次にCUDA Toolkit をインストールします。今回はCUDA
Toolkit 11.8をダウンロードしました。CUDA Toolkit は、NVIDIA によって開発されたGPUコン
ピューティングプラットフォームであり、Compute Unified Device Architecture（CUDA）を利用
したGPUアクセラレーションのための開発ツールセットです。CUDAは、NVIDIAのGPU上で並
列コンピューティングを実現するためのプログラミングモデルです。通常のCPUと比較して、GPU
は多数のコアを持ち、高度な並列処理が可能です。このような特性を活かして、CUDAを使用する
ことで、データ処理、数値計算、機械学習、画像処理などの処理を高速化できます。

次のURLからCUDA Toolkit11.8をダウンロードしましょう。

https://docs.nerf.studio/index.html

次の赤枠に囲まれたボタンをクリックして、環境を選択しましょう。

第8章　Instant-NGP の環境構築しよう　│　145

図8.7: CUDAToolkitのダウンロード画面

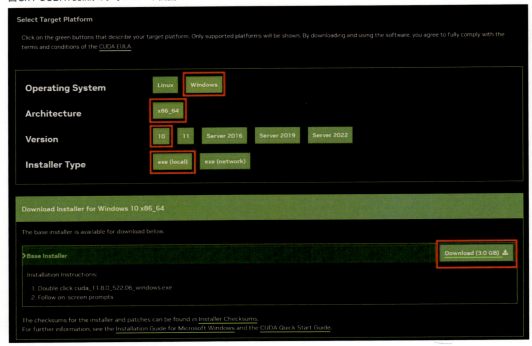

最後に右下のDownloadを押して、CUDAToolkit11.8をダウンロードしましょう。ダウンロードしたら、CUDAToolkit11.8を立ち上げインストールしましょう。このとき、次の赤枠のVisual Studio integrationにチェックが入っているかどうか確認してから、インストールしましょう。

図 8.8: Visual Studio integration の確認

CmakeのBuildをするために、CUDA Toolkit 11.8をユーザー環境変数に追加します。

```
変数名 : CMAKE_CUDA_COMPILER
値 : C:\Program Files\NVIDIA GPU Computing Toolkit\CUDA\v11.8\bin\nvcc.exe
```

図 8.9: CMAKE_CUDA_COMPILER の設定

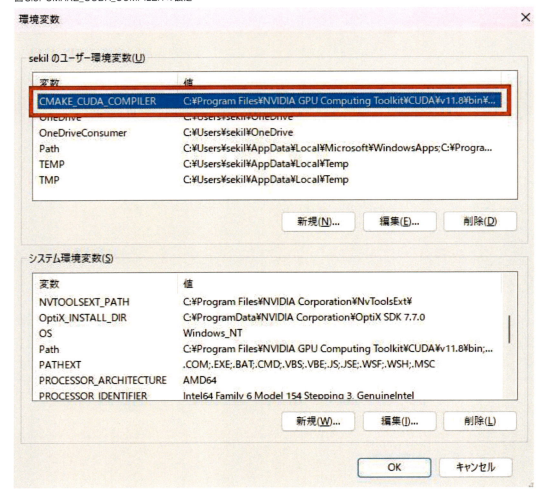

8.2.5 Anaconda のインストール

オープンソースの環境構築するとき、基本的には仮想環境を立ち上げて、そこで環境を作りましょう。仮想環境とは、同じマシン内に別マシンのような環境を構築できることです。もし、仮想環境を立ち上げずにローカル環境に環境を作ってしまうと、さまざまなライブラリが混在してしまい、最終的には動かなくなってしまうことがあります。仮想環境を作ることで、複数の Python 環境を分けることができたり、ライブラリごとで環境を分けたりできます。また、簡単に作れて、簡単に削除できるため、仮想環境で環境を作るようにしましょう。その中で、今回は Anaconda を用いて仮想環境を作成します。次の URL から Anaconda をインストールしましょう。

Anaconda のダウンロードはこちらから

図 8.10: Anaconda のダウンロード画面

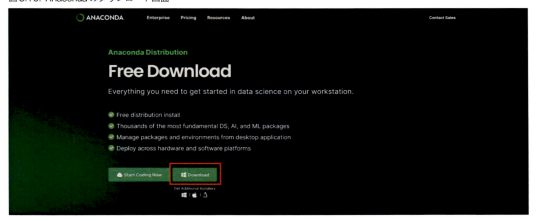

Anaconda Pronpt を立ち上げて、動作の確認をしましょう。

図 8.11: Anaconda Prompt の立ち上げ

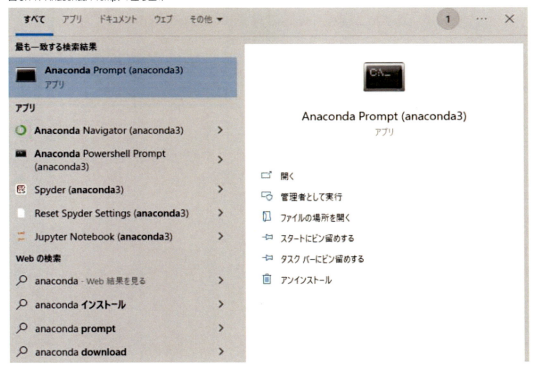

次のようなターミナルが立ち上がります。

図 8.12: Anaconda Prompt のターミナル画面

次のコードブロックに、Anaconda のコマンドが示されています。

```
(base) C:\Users\19044>
```

頭についている（base）が環境名になります。この base はローカル環境になるため、ここで環境を作らないようにしましょう。

Anaconda でよく使う仮想環境の作成、起動、停止、削除などのコマンドが次に示されています。

```
conda info -e
conda create -n <仮想環境名> python
or
conda create -n <仮想環境名> python=<version>
conda activate <仮想環境名>
conda deactivate
conda remove -n <環境名> --all
```

仮想環境の確認

Anaconda にある全部の環境を確認できます。

```
conda info -e
```

仮想環境の構築

```
conda create -n <仮想環境名> python
or
conda create -n <仮想環境名> python=<version>
```

　上のどちらかで仮想環境を作りましょう。たとえば、Pythonのバージョンを3.9に指定する場合、次のようになります。

```
conda create -n hoge-env python=3.9
```

　つぎの画像のように y/n で聞かれるため、 yを打ちenterボタンを押しましょう。

図8.13: 仮想環境の構築

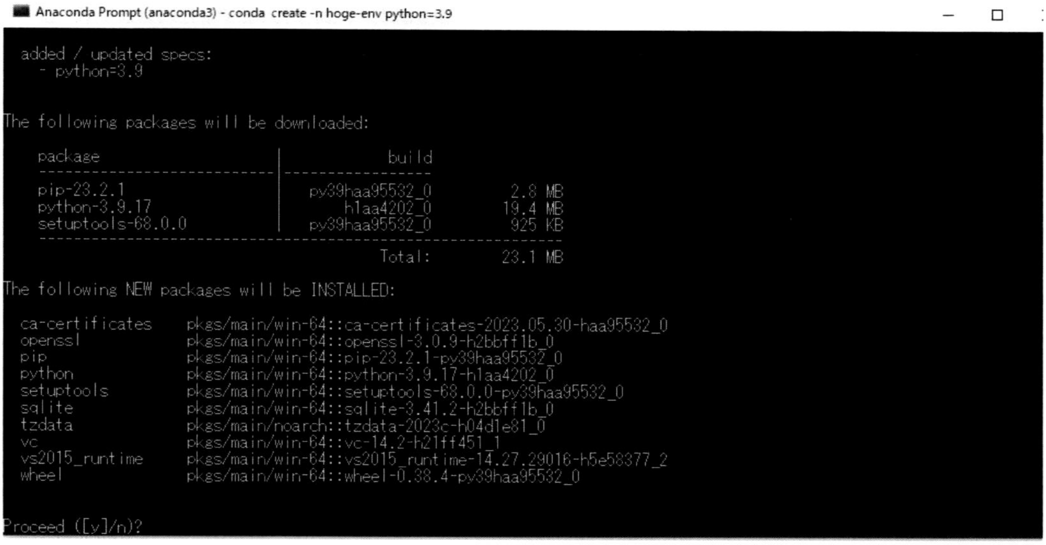

　これで仮想環境を構築できます。

仮想環境の起動

```
conda activate <仮想環境名>
```

　で仮想環境を立ち上げることができます。

図8.14: 仮想環境の起動

第8章　Instant-NGPの環境構築しよう　151

すると、頭が（hoge-env）になります。これで仮想環境を立ち上げることができます。

仮想環境を停止

```
conda deactivate
```

図8.15: 仮想環境の停止

```
(hoge-env) C:\Users\19044>conda deactivate
(base) C:\Users\19044>
```

頭が（base）に戻りました。これで仮想環境を停止できます。

仮想環境の削除

```
conda remove -n <環境名> --all
```

これで、仮想環境を削除できます。

上記の5つを覚えておくだけで、基本大丈夫です。

8.2.6 OptiX のインストール

OptiX は、NVIDIA によって開発された高性能なレイトレーシングレンダリングエンジンです。レイトレーシングは、3D シーン内の光の挙動をシミュレートしてリアルな画像を生成するためのアルゴリズムであり、現実的な描写を可能にします。OptiX は、GPU を利用して高速なレイトレーシングを実現するために設計されています。レイトレーシングは計算量が非常に多く、従来のアプローチではリアルタイムのレンダリングが難しい場合がありますが、NVIDIA の CUDA アーキテクチャを使用することで、GPU を効率的に活用してリアルタイム性を実現しています。Instant-NGP では、より高速なメッシュ SDF トレーニングのために使用されています。

図 8.16: OptiX のホームページ

図 8.17: OptiX のインストール画面

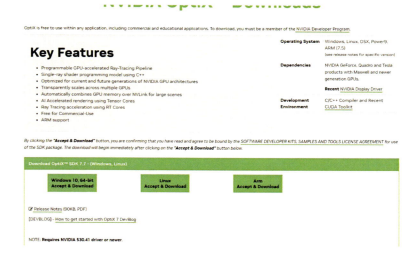

ダウンロードするには開発者プログラムへの参加が必要なので、参加しましょう。

図8.18: OptiXの開発者プログラム

インストールしたら、システム環境変数に追加しましょう。

```
変数：OptiX_INSTALL_DIR
値：C:\ProgramData\NVIDIA Corporation\OptiX SDK 7.5.0
```

値はファイルではなくディレクトリ名になります。値の欄はインストールしたバージョンに合わせ変更します。下記はv7.5.0の場合です。

図8.19: OptiXの環境変数設定

8.2.7　Instant-NGPのコンパイル

Instant-NGPのリポジトリをクローンしてください。このとき、サブモジュールも一緒にクローンすることを忘れないでください。

```
$ git clone --recursive https://github.com/nvlabs/instant-ngp
$ cd instant-ngp
```

もし、サブモジュールを一緒にクローンし忘れた場合は、次のコマンドを使って、最新のサブモジュールを追加してください。

```
instant-ngp$ git submodule sync --recursive
instant-ngp$ git submodule update --init --recursive
```

8.2.8 仮想環境の作成

Anacondaを使用して、仮想環境を作成しましょう。

```
conda create -n ngp python=3.9
conda activate ngp
```

次に、仮想環境（ngp）に使用するライブラリをインストールしてください。

```
pip install -r requirements.txt
```

8.2.9 Instant-NGPのBuild

次に、CMakeを使ってプロジェクトをビルドします。

```
instant-ngp$ cmake . -B build
```

Buildが次のように表示されれば、成功です。

図 8.20: CmakeBuild

失敗例

Visual Studioがインストールされていない場合、次のように表示されます。Visual Studioのインストールと、CUDAをインストールする際にVisual Studio integrationを選択してください。

図 8.21: MSVC エラー

```
(instantngp) C:\Users\sekil\nerf\instant-ngp>cmake . -B build
-- Selecting Windows SDK version 10.0.19041.0 to target Windows 10.0.22621.
-- The CUDA compiler identification is NVIDIA 11.8.89
-- Detecting CUDA compiler ABI info
-- Detecting CUDA compiler ABI info - done
-- Check for working CUDA compiler: C:/Program Files/NVIDIA GPU Computing Toolkit/CUDA/v11.8/bin/nvcc.exe - skipped
-- Detecting CUDA compile features
-- Detecting CUDA compile features - done
-- Obtained CUDA architectures automatically from installed GPUs
-- Targeting CUDA architectures: 86
-- Module support is disabled.
-- Version: 9.1.1
-- Build type:
CMake Error at dependencies/tiny-cuda-nn/dependencies/fmt/CMakeLists.txt:234 (target_compile_features):
  target_compile_features no known features for CXX compiler

  "MSVC"

  version 19.29.30151.0.


-- Could NOT find Vulkan (missing: Vulkan_LIBRARY Vulkan_INCLUDE_DIR)
CMake Warning at CMakeLists.txt:117 (message):
```

上記の CMake が成功した後、次のコマンドを実行してください。

```
instant-ngp$ cmake --build build --config RelWithDebInfo -j
```

次のように表示されれば、成功です。

図 8.22: Cmake 成功画面

```
   ライブラリ D:/NeRF/instant-ngp/build/RelWithDebInfo/instant-ngp.lib とオブジェクト D:/NeRF/instant-ngp/build/RelWit
hDebInfo/in
 stant-ngp.exp を作成中
  instant-ngp.vcxproj -> D:\NeRF\instant-ngp\build\instant-ngp.exe
 python_api.cu
   ライブラリ D:/NeRF/instant-ngp/build/RelWithDebInfo/pyngp.lib とオブジェクト D:/NeRF/instant-ngp/build/RelWithDebIn
fo/pyngp.ex
 p を作成中
 pyngp.vcxproj -> D:\NeRF\instant-ngp\build\pyngp.cp39-win_amd64.pyd
 Building Custom Rule D:/NeRF/instant-ngp/CMakeLists.txt
```

これで、Instant-NGP の環境構築が終了しました。次の章から、実際に操作を始めることができ
ます。

8.3　Instant-NGP を動かしてみよう

前の章で環境構築しました。ここからは実際に動かしてみましょう。この章では、サンプルデータ
である狐の画像データを使用します。次のように、さまざまな方向からの画像データを使用します。

図8.23: 画像データ

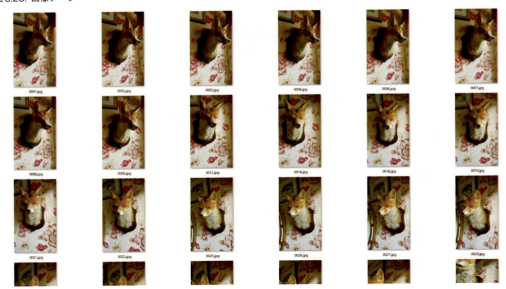

章8.1でAnacondaを用いて仮想環境を作りました。その仮想環境下でコマンドを実行していきましょう。

```
conda activate ngp
```

実際に動かしてみましょう。Insntat-ngpはexeファイルを使用して、動かします。

```
(ngp)instant-ngp$ D:\NeRF\instant-ngp\build\instant-ngp.exe data/nerf/fox
```

D:\NeRF\instant-ngp　ここの部分はInstnat-ngpのあるpathを入れてください。

図8.24: プロンプト画面

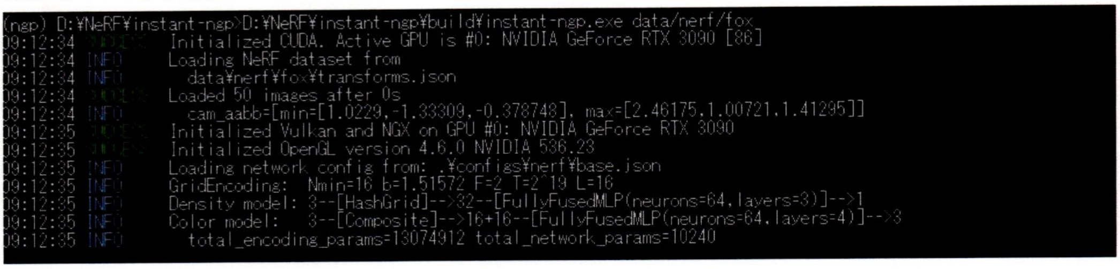

上記のように動くと成功です。別のビューワーが立ち上がり、狐のNeRFデータを確認できます。

図 8.25: ビューワー画面

これでInstant-NGPを動かすことができました。WASDもしくはマウスのホイールボタンを押しながら、マウスを移動させると視点変更できます。上下移動に関しては、Cキーを押すと下に、スクロールキーを押すと上に視点を移動できます。Qキーを押すと終了できます。次に、カスタムデータで実際に動かしてみましょう。

8.4 カスタムデータでInstant-NGPを動かそう

前節では、サンプルデータである狐のデータを使ってInsant-ngpを動かしました。この章では、自身のカスタムデータでInstant-NGPを動かすことを行います。公式のサンプル画像を使用します。下記のURL[1]からダウンロードできます。

※こちらのサンプル画像がColmapのVersionで、うまくカメラ位置推定ができない場合があります。もし、できあがったSceneが崩れていた場合は、次に進み別のデータを用いて学習してみましょう。

画像をダウンロードしたら、次のようにdataディレクトリに入れましょう。

```
D:\NeRF\instant-ngp\data\train
```

1.sample data : https://drive.google.com/drive/folders/1J2tjCOoZeP-UTq3xsXS6WpTlc_yrzVuq

図 8.26: サンプルデータ

カスタムデータでNeRFを動かす前に、カメラ位置姿勢を推定するSfMを行います。これはCOLMAPのライブラリを使用します。

8.4.1 カメラ位置姿勢推定の仕方

章8.1でAnacondaを用いて仮想環境を作りました。その仮想環境下でコマンドを実行していきましょう。まず、仮想環境に入ります。

```
conda activate ngp
```

実際にCOLMAPを使用して、カメラ位置姿勢推定しましょう。

```
python scripts/colmap2nerf.py --colmap_matcher exhaustive --run_colmap //
--aabb_scale 16 --images <image/path>
```

<image/path>に自分のデータを入力してください。
例：「data/train」ディレクトリに画像を入れていた場合は、次のコマンドです。

```
python scripts/colmap2nerf.py --colmap_matcher exhaustive --run_colmap //
--aabb_scale 16 --images data/train
```

このコマンドを動かすと次のように（Y/n）か求められるので、実行する場合はYを入力しEnterしてください。

図 8.27: COLMAP 実行画面

```
(ngp) D:\NeRF\instant-ngp>python scripts/colmap2nerf.py --colmap_matcher exhaustive --run_colmap --aabb_scale 16 --images data/train
running colmap with:
        db=colmap.db
        images="data/train"
        sparse=colmap_sparse
        text=colmap_text
warning! folders 'colmap_sparse' and 'colmap_text' will be deleted/replaced. continue? (Y/n)
```

すると、COLMAPが動きます。COLMAPが終わり、一行目にoutputing to transforms.jsonと書

かれていれば、成功です。

図8.28: COLMAP 終了画面

この transforms.json ファイルは、Insnta-ngp 下に生成されます。

図 8.29: transform.json ファイルが生成されるディレクトリ

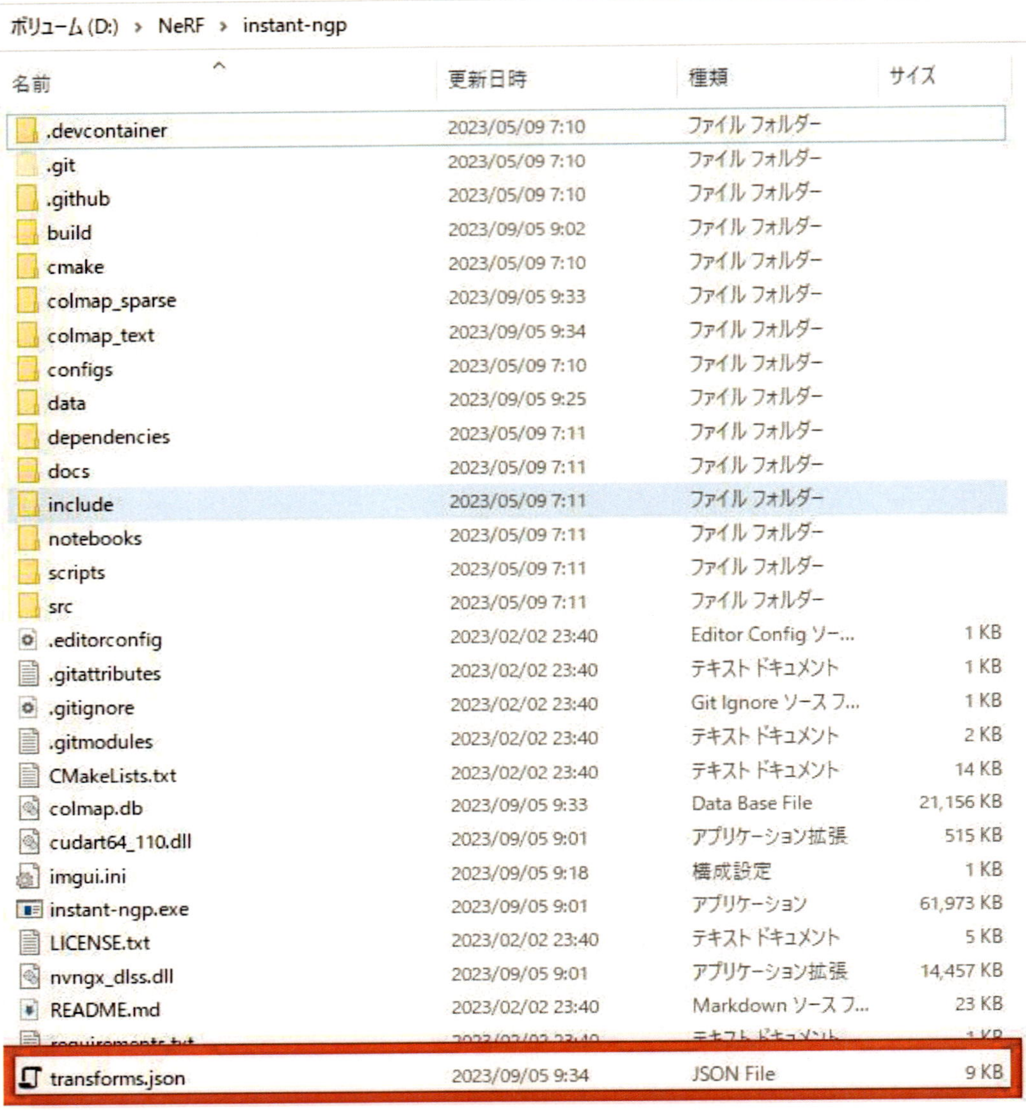

ボリューム (D:) ＞ NeRF ＞ instant-ngp

名前	更新日時	種類	サイズ
.devcontainer	2023/05/09 7:10	ファイル フォルダー	
.git	2023/05/09 7:10	ファイル フォルダー	
.github	2023/05/09 7:10	ファイル フォルダー	
build	2023/09/05 9:02	ファイル フォルダー	
cmake	2023/05/09 7:10	ファイル フォルダー	
colmap_sparse	2023/09/05 9:33	ファイル フォルダー	
colmap_text	2023/09/05 9:34	ファイル フォルダー	
configs	2023/05/09 7:10	ファイル フォルダー	
data	2023/09/05 9:25	ファイル フォルダー	
dependencies	2023/05/09 7:11	ファイル フォルダー	
docs	2023/05/09 7:11	ファイル フォルダー	
include	2023/05/09 7:11	ファイル フォルダー	
notebooks	2023/05/09 7:11	ファイル フォルダー	
scripts	2023/05/09 7:11	ファイル フォルダー	
src	2023/05/09 7:11	ファイル フォルダー	
.editorconfig	2023/02/02 23:40	Editor Config ソー...	1 KB
.gitattributes	2023/02/02 23:40	テキスト ドキュメント	1 KB
.gitignore	2023/02/02 23:40	Git Ignore ソース フ...	1 KB
.gitmodules	2023/02/02 23:40	テキスト ドキュメント	2 KB
CMakeLists.txt	2023/02/02 23:40	テキスト ドキュメント	14 KB
colmap.db	2023/09/05 9:33	Data Base File	21,156 KB
cudart64_110.dll	2023/09/05 9:01	アプリケーション拡張	515 KB
imgui.ini	2023/09/05 9:18	構成設定	1 KB
instant-ngp.exe	2023/09/05 9:01	アプリケーション	61,973 KB
LICENSE.txt	2023/02/02 23:40	テキスト ドキュメント	5 KB
nvngx_dlss.dll	2023/09/05 9:01	アプリケーション拡張	14,457 KB
README.md	2023/02/02 23:40	Markdown ソース フ...	23 KB
requirements.txt	2023/02/02 23:40	テキスト ドキュメント	1 KB
transforms.json	2023/09/05 9:34	JSON File	9 KB

　ここで、NeRF を実行するために、学習データを移動させます。このディレクトリ下に [data/train] ディレクトリを新規で作成し、そのディレクトリ下に画像データを移動してください。

```
D:\NeRF\instant-ngp\data\train
```

図 8.30: 画像データ

次に生成された transforms.json を次のディレクトリ下に移動してください。

```
D:\NeRF\instant-ngp\data\train
```

図 8.31: transform.json ファイルが生成されるディレクトリ

このように画像データを移動させたら、準備完了です。次のコマンドを実行すると、ブルドーザーが生成されます。

```
(ngp)instant-ngp$ D:\NeRF\instant-ngp\build\instant-ngp.exe data/nerf/train
```

図 8.32: Instant-NGP 実行画面

8.5 Instant-NGPで映像を出力してみよう

前章では、カスタムデータでInstant-NGPを動かしました。今回はInstant-NGPを使って、動画をレンダリングしましょう。ブルドーザーの画像データでは味気ないので、違うデータを使ってやってみましょう。データは下記のURL[2]からダウンロードできます。

前章に従い、まずはカメラ位置姿勢の推定をしましょう。

8.5.1 バラ庭園のシーンを立ち上げる

次のコマンドを実行して、Instant-NGPを実行しましょう。

```
(ngp)instant-ngp$ D:\NeRF\instant-ngp\build\instant-ngp.exe data/nerf/bara
```

次のようなバラ庭園のNeRFが生成されます。

2.data：https://drive.google.com/drive/folders/1iPKRagv76YCS_eSkUrS9iArBcqpWE_qT?usp=drive_link

図 8.33: バラ庭園の NeRF

8.5.2 Crop aabb について

Crop aabb を使うことで、NeRF の生成範囲を変更できます。aabb は「Axis-Aligned Bounding Box」の略称で、直行軸に沿った境界ボックスを意味します。つまり、Crop aabb とは、特定の直交軸に沿った境界ボックス内で画像やデータを切り取る（crop）処理のことです。

そのため、映像を出力する場合、いらない部分は制限することにより、見栄えがよくなります。

Crop aabb の変更は、<Rendering> 下の次の画面部分から変更できます。

図 8.34: Crop aabb の変更

MinXを変更すると画面左側を制限できます。

図 8.35: MinX を変更

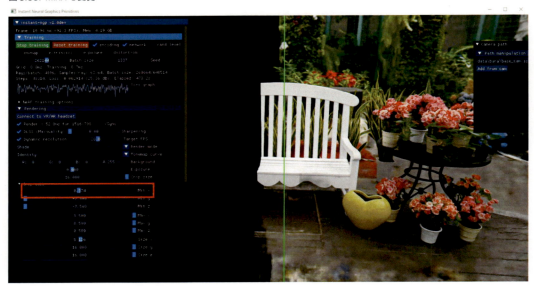

MinYを変更すると画面下側を制限できます。

図 8.36: MinY を変更

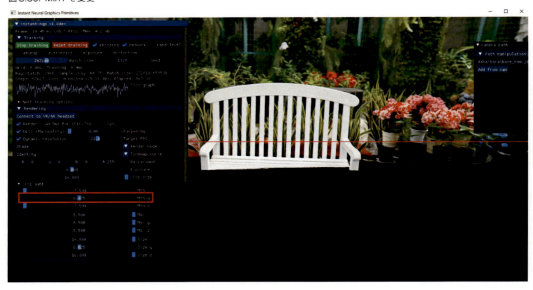

MinZを変更すると画面奥側を制限できます。

図 8.37: MinZ を変更

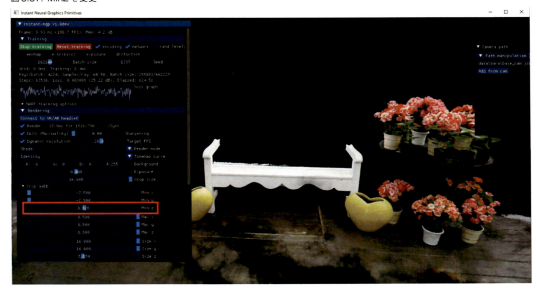

MaxX を変更すると画面右側を制限できます。

図 8.38: MaxX を変更

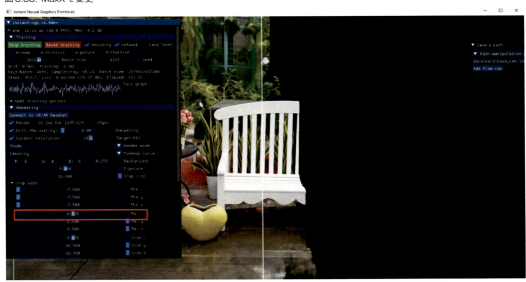

MaxY を変更すると画面上側を制限できます。

第 8 章　Instant-NGP の環境構築しよう　　167

図 8.39: MaxY を変更

MaxZ を変更すると画面前側を制限できます。

図 8.40: MaxZ を変更

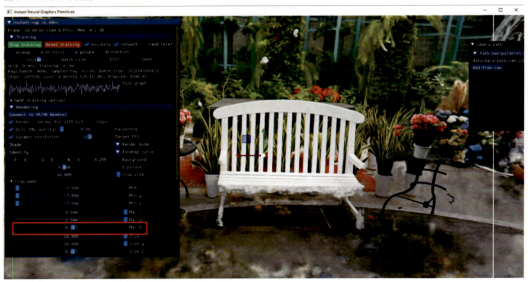

sizeX を変更すると左右方向を制限できます。

図 8.41: sizeX を変更

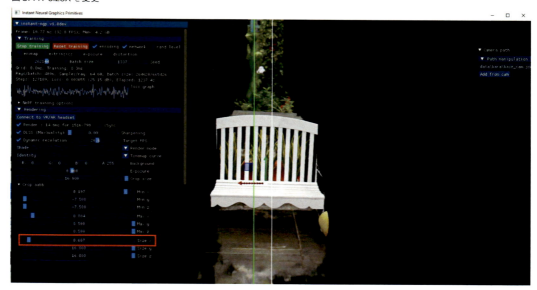

sizeYを変更すると上下方向を制限できます。

図 8.42: sizeY を変更

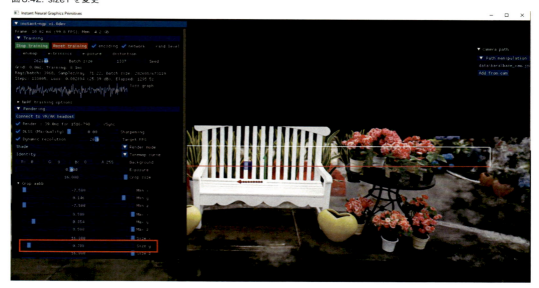

sizeZを変更すると前後方向を制限できます。

図 8.43: sizeZ を変更

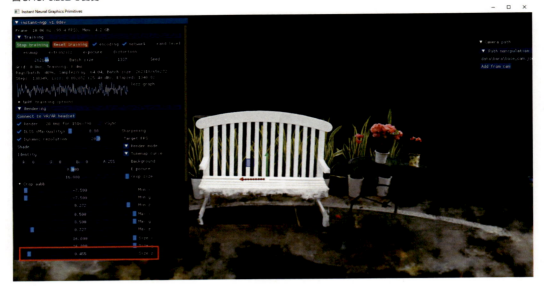

Crop aabb を変更した後、元に戻したいときは次のボタンでリセットできます。

- Reset
  ——並進・回転の両方ともリセットできます。
- Reset Rotation Only
  ——回転のみリセットできます。

8.5.3　カメラパスの設定

次に、カメラパスを設定していきます。Camera Path という GUI があります。次の画像の Add from cam ボタンを押しましょう。

図8.44: 視点の追加

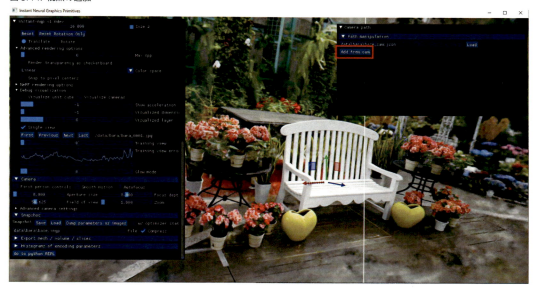

すると、次の画像のような、次のNeRFを見ている視点にカメラが設定されます。

図8.45: カメラ視点の生成

また、Camera Pathを拡大するとその視点を見ることができるので、こちらも見ながら視点を決めていきましょう。

図8.46: 視点の確認画面

次の画像のように、いくつか視点を追加していきましょう。

図8.47: 複数地点のカメラ視点の生成

いくつか視点を追加したら、Camera path Timeのスライダーを移動させて、生成される映像を確認しましょう。

図 8.48: Camera path Time

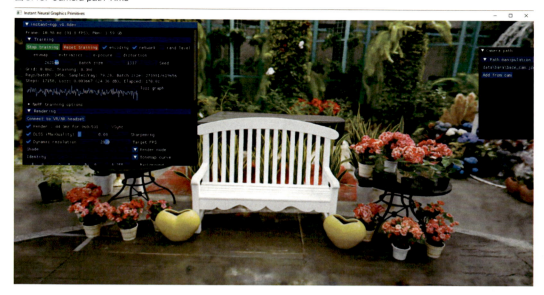

　Auto Play Speedを変更すると、生成される映像が自動で流れます。

図 8.49: Auto Play Speed

　Field of view（FOV）のスライダーを移動させることで、FOV値を変更できます。FOV値は、特定の視点から見たときに、観察者が視界の範囲を示す尺度です。主にカメラやCG空間のビューワーなどで使用されます。

図 8.50: FOV 値

8.5.4 映像の出力

映像の出力は次の赤枠の部分からできます。

図 8.51: 映像の出力 UI

・設定

　　—File：ファイル名の変更

　　—Resolution：解像度の変更

—Duration（seconds）：映像の時間
—FPS（frames/second）：1秒間に表示されるフレーム数
—SPP（samples/pixel）：画像の品質（上げると画像の質が向上し、ノイズが減少）
—Shutter fraction：シャッタースピード（高いと滑らかな映像・低いと高速の動きがぶれる）

設定を自分の好みに変えて、実際にレンダリングしてみましょう。レンダリングは次の画像のRender videoボタンを押して、映像を出力しましょう。

図8.52: 映像の出力

Render Videoを押すことで、1frameずつ画像が生成され、映像として結合されます。
もし映像の出力を中止したい場合は、次の画像のAbort Renderingを押すことで中止できます。

図 8.53: 映像の出力の中止

このようにInstant-NGPでは、GUIでカメラパスの設定から映像の生成まで行うことができます。これらのパラメータを調整し、自分の好みな動画を作成しましょう。

8.6　VRでInstant-NGPを編集してみよう

この節では、Instant-NGPで生成したシーンをVRとして一人称視点で見る方法を紹介します。本節では、Meta Quest2を使用しています。Meta Quest2とPCのつなげ方[3]は次に詳細が載っているため、こちらをご覧ください。

まず、ターミナルからAnacondaにアクセスして、Instant-NGPを立ち上げてください。

```
D:\NeRF\instant-ngp\build\instant-ngp.exe --scene data/nerf/room
```

すると、この画面が出てきます。

3.Meta Quest2とPCのつなげ方: https://www.meta.com/ja-jp/help/quest/articles/headsets-and-accessories/oculus-link/connect-with-air-link/

図 8.54: Instant-NGP の可視化

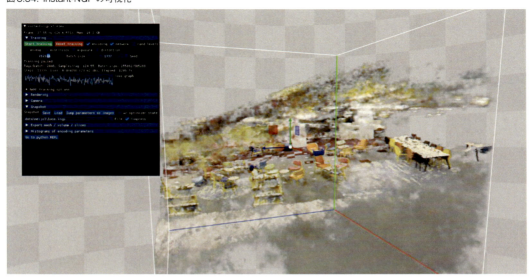

次に、Meta Quest2 を QuestLink で PC につなげましょう。

図 8.55: Quest Link の起動

PC と接続したら起動しましょう。

図 8.56: PC との接続

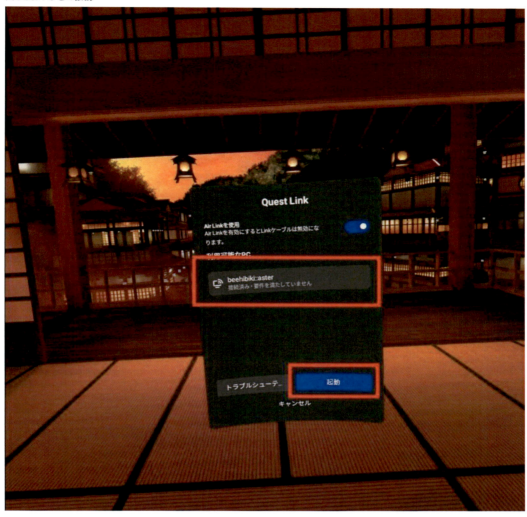

次の画面が見えます（メニューバーからデスクトップをタップして、モニターを出しましょう）。

図 8.57: VR 空間で PC 画面の可視化

Instant-NGP の Github に「VR に入る前に、まずトレーニングを終了する（"Stop training "を押す）か、事前にトレーニングしたスナップショットをロードしておくと、最大のパフォーマンスを発揮できますので強くお勧めします」と書かれているので、次のボタンを押し、トレーニングを止めましょう。

図 8.58: トレーニングの終了

StartTraining になっていることを確認したら、VR 側で「Connect to VR/AR headset」を押しましょう。

180　第 8 章　Instant-NGP の環境構築しよう

※もし「Connect to VR/AR headset」が見つからない場合、Instant-NGPが最新ではない可能性があるため、最新のInstant-NGPを入れなおしましょう。

図8.59: ヘッドセットとの接続（PC視点）

図8.60: ヘッドセットとの接続（VR視点）

VR側の動作は次のとおりです。

図8.61: VR側の動作

Control	Meaning
Left stick / trackpad	Move
Right stick / trackpad	Turn camera
Press stick / trackpad	Erase NeRF around the hand
Grab (one-handed)	Drag neural graphics primitive
Grab (two-handed)	Rotate and zoom (like pinch-to-zoom on a smartphone)

次のようにVRで見えるようになります。

図8.62: VR視点で見えるInstant-NGP

この章では、実際にInstant-NGPを使用して、NeRFを動かし、3Dシーンを作成するプロセスを体験しました。直感的に3Dシーンを作成するプロセスを体験できました。

9章では、関連技術に関して紹介します。

第9章　関連技術の紹介

　NeRFは2020年にECCVで発表され、引用数は2024年6月時点で7000を超える革新的な技術となっています。また、3DGSは2023年に公開されて僅か1年で引用数が約700に達し（2024年6月時点）、その関連技術もNVS領域で盛んに研究開発されています。この章では、NeRFや3DGSから派生した関連技術をタスクごとに複数紹介していきます。

9.1　High Quality

Zip-NeRF

　まずはオリジナルのNeRFや、3DGSで合成した画像の品質を向上させる手法について紹介します。NeRFの文脈で画像品質を向上させた手法のひとつに、Zip-NeRF[1]があります。Zip-NeRFは従来手法のMip-NeRF 360とInstant-NGPを組み合わせて、シーンのエイリアシングを抑制して品質を向上させ、かつ高速に学習することを可能にしました。Zip-NeRFによるリアルタイムレンダリングは困難ですが、評価指標のひとつであるSSIMではオリジナルの3DGSよりも品質は高く、多くの論文でベンチマークとして比較されています。

Mip-Splatting

　3DGSからはMip-Splattingを紹介します。この手法は独自のスムージングフィルタを用いることにより、ズームイン時に生じやすい高周波な欠損などを抑制した高品質な画像を合成できます。Mip-Splattingは、NeRFの手法で紹介したZip-NeRFよりも高品質に合成可能です。高品質な学習モデルのベンチマークとして、NeRFではZip-NeRF、3DGSではMip-Splattingをそれぞれ押さえておきたいところです。

図9.1: Mip-Splatting[2]

---

1. "Zip-NeRF: Anti-Aliased Grid-Based Neural Radiance Fields", ICCV 2023, https://jonbarron.info/zipnerf/

9.2 Dynamic Scene (4D)

E-D3DGS

基本的にNeRFも3DGSも静止した空間を対象とし、その空間において時間が経過しても変化しない前提で、マルチアングルで撮影した画像群を入力とします。しかし、E-D3DGS[3]のように時間経過も含めた動的な空間を再構成する手法もあり、三次元に時間軸を足した四次元のNVSとして盛んに研究されています。E-D3DGSは時間軸方向における変化の大小や速度に基づいて空間を分割してモデル化させることにより、高品質で効率的な学習を可能にしています。

DynIBaR

E-D3DGSは3DGSをベースとした手法ですが、Radiance Fieldsの動的な空間に対応した手法は、3DGSが出る前からNeRFをベースにした手法で研究されてきました。ただし入力データの取得は困難で、異なる位置に設置された複数のカメラを同時に撮影する必要があります。しかし、DynIBaR[4]ではひとつの単眼カメラで撮影した動画から動的なシーンを再構成できます。この手法は従来より複雑なシーンに対しても高品質で合成可能で、CVPR 2023ではBest Paper Honorable Mentionに選出されました。

NPGA

NPGAではバーチャルアバターを想定したヒトの頭部に特化して、フォトリアルな顔の表情を再現できます。この手法では異なる視点からの複数のカメラで同期して撮影された動画を入力として、メッシュベースでは困難な繊細な表情の動きを3Dガウシアンをベースに表現しています。また、この手法では単一のカメラで動画撮影した顔の動きを別人の顔へ転写することが可能です。

図9.2: NPGA[5]

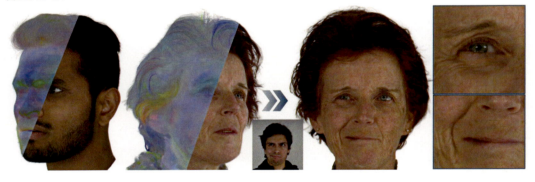

9.3 Text to 3D & 4D

DreamGaussian

---

3. "Per-Gaussian Embedding-Based Deformation for Deformable 3D Gaussian Splatting", arXiv 2024, https://jeongminb.github.io/e-d3dgs/
4. "DynIBaR: Neural Dynamic Image-Based Rendering", CVPR 2023, https://dynibar.github.io

昨今流行っているDiffusionモデルの生成AIでは、入力となるテキストのイメージを反映した画像を自動で生成できます。Radiance Fieldsの技術は、Diffusionモデルで生成した二次元の画像をさらに三次元へ持ち上げることが可能です。そのひとつの手法であるDreamGaussian[6]は、3Dガウシアンベースで高品質なテクスチャ付きのメッシュモデルを従来より高速に生成します。テキストからの画像生成を介して3Dモデルを生成するため、任意の画像から入力することもできます。

RealmDreamer

Text-to-3Dではキャラクターなどの物体を想定した手法が主流ですが、中には複数の物体を含む背景シーンに適応した手法もあります。RealmDreamer[7]では、Diffusionモデルをベースにテキストから画像を生成してそこから三次元のモデルを生成する際に、画像からのデプス推定と三次元のインペインティングを併用します。インペインティングは、任意のマスク領域をその周辺の領域に馴染むように補間して、色を穴埋めする技術です。RealmDreamerは生成した画像の視点とは異なる視点から見たときに生じる遮蔽に対して、デプス情報を援用したインペインティングで補間することにより背景シーンでも高品質に生成します。

AlignYourGaussians

さらにAlignYourGaussiansでは、三次元の物体に対して時間軸方向の変化を考慮することで、動的な四次元の物体変形を可能にします。Text to Imageは前述の技術と同様にDiffusionモデルを用いて、3Dガウシアンを最適化することで三次元化します。その後、四次元の動的な表現を最適化することで動的な物体を生成します。この手法で生成された四次元データは異なる同様のデータと複数組み合わせることが可能で、さらにループアニメーションとして活用もできます。

6."DreamGaussian: Generative Gaussian Splatting for Efficient 3D Content Creation", ICLR 2024, https://dreamgaussian.github.io/

7."RealmDreamer: Text-Driven 3D Scene Generation with Inpainting and Depth Diffusion", arXiv 2024, https://realmdreamer.github.io/

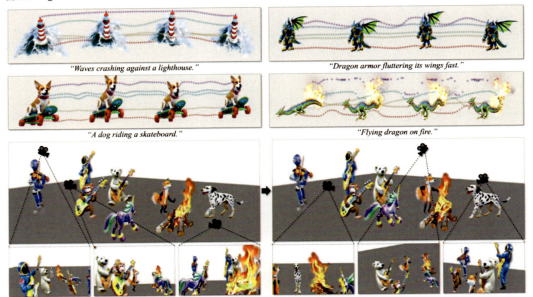

図 9.3: AlignYourGaussians[8]

9.4 Surface Reconstruction

BakedSDF

　Radiance Fieldsで表現されたモデルは、既存のCGツールで利用することが困難です。そこで、NeRFや3DGSで生成した3Dモデルをメッシュとしてより扱いやすくするために、物体の境界面を推定するSurface Reconstructionも盛んに研究されています。NeRF文脈のBakedSDF[9]では、SDF (Signed Distance Fields) という物体の内外を境界付けることで表面領域を推定する手法をベースとするVolSDFとMip-NeRF360を併用します。この手法で生成されたモデルは三角メッシュで表現され、色情報を拡散色と反射色に分解できます。また、フルHDの解像度で約100FPSと高速なレンダリングを達成しています。

2DGS

　2D Gaussian Splatting（2DGS）では、三次元ボリュームを二次元の面（Disk）に収束させることでシーンの形状を再構成します。特に視点からの見えに一貫した整合性を持つデプスと、法線の情報を用いてノイズが少ない正確な形状を推定します。2DGSはBakedSDF同様に三角メッシュに出力可能で、3DGSよりもCGツールへの適用性は高いため、今後のCGツールのゲームチェンジャーになるかもしれません。

9."BakedSDF: Meshing Neural SDFs for Real-Time View Synthesis", SIGGRAPH 2023, https://bakedsdf.github.io/

図 9.4: 2DGS[10]

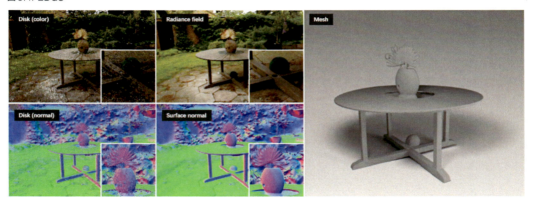

9.5 Editing

GS-IR

　Radiance Fieldsによる3Dモデルは写実性が高い一方で、既存のCGツールへ取り込む難易度が高いことに加えて編集することも困難でした。特にNeRFや3DGSは入力を取得する際に撮影する光源環境がそのまま焼き付いてしまうため、任意の光源でリライティングすることは容易ではありません。GS-IRでは未知の光源環境で撮影された画像群からシーンの形状や表面の材質、照明環境を推定するため、リライティングや材質編集が可能になります。

図 9.5: GS-IR[11]

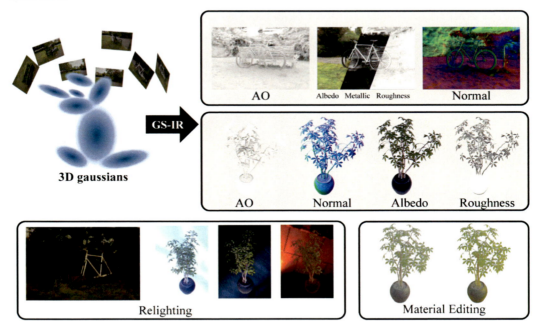

StyleGaussian

また、StyleGaussianはStyle Transferのタスクでスタイル画像と呼ばれる1枚の画像を参照して、その画像の画風を3DGSへ転写します。たとえば、ピカソが描いた絵画の画像をスタイル画像として、街中などを撮影して合成した3DGSのシーンへ転写することでピカソの画風の街中を表現することができます。3DGSは三次元情報を持っているため、視点が遷移してもシーンで幾何的に一貫したStyle Transferを可能にします。

図9.6: StyleGaussian[12]

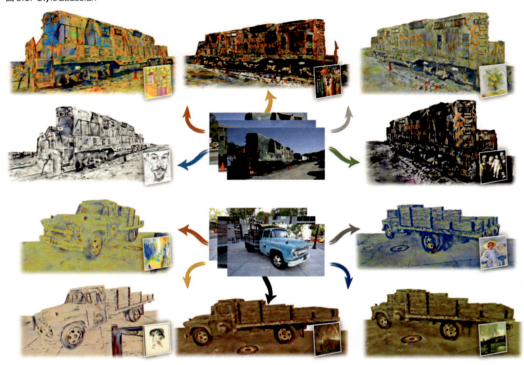

InFusion

InFusionは、編集機能として最も有効な機能を持つ手法かもしれません。この手法はRealmDreamerで紹介したインペインティングの技術を3DGSへ適用したもので、シーンの欠損した領域や消したい領域を指定して補間することができます。InFusionはDiffusionモデルをベースとしたインペインティングで、指定した領域のデプス情報も修復します。さらに指定した領域において、ユーザーが任意のテクスチャや物体に置き換えることも可能です。

図 9.7: InFusion[13]

　このように、NeRFや3DGSはこれまでの問題を克服する手法や、実用的な発展手法など日々目まぐるしく研究開発されています。Radiance Fieldsが従来のメッシュモデルに置き換わる新たな画像表現モデルとして、広く利用される日はそう遠くないかもしれません。

あとがき

担当: Aster、イワケン、Katagiri Keita、さきやま、さくたま (五十音順)

Aster

　私は、自由視点画像生成により映像の表現方法が変わるのではないかと思い、興味を持ち始めました。実際に、自由視点画像生成の研究の進歩は非常に速く、様々な新しいモデルが次々と登場しています。また、技術の広範囲化や高品質化も進んでおり、近い将来には映画製作などでも活用されることが期待されています。そのため、映像表現としてこれらの技術を使用する際には、どのように使えばいいのか、各モデルの特徴をしっかりと理解することで、技術を最大限活用出来るようになると思います。私は、「自由視点画像の生成」が一般人の当たり前にすることを目指しており、NeRFや3DGSを用いて社会的インパクトを出していきたいと思っています。このビジョンを実現するために、技術の進化に対応しつつ、常に最新の情報を学び続け、新たな映像表現を模索していきたいです。

イワケン

　私は元々XRエンジニアで、NeRF/3DGSという技術は未知の領域でした。しかし、技術好き学生支援コミュニティ「Iwaken Lab.」を通じて、NeRFに興味を持つ学生たちと勉強会や開発合宿を重ね、技術同人誌を経て今回の商業本の執筆に至りました。ともに執筆したメンバーには心から感謝しています。

　この過程で、Iwaken Lab.はXR好きの学生だけでなく、NeRF/3DGSに魅了された学生も集うコミュニティへと発展しました。Iwaken Lab.を「XR好き」ではなく「技術好き」の学生を対象にネーミングしたのは、多様な技術や人との出会いを大切にしたいという思いからでした。その理念が今回の本として結実し、世に送り出せることを非常に嬉しく思います。

　NeRF/3DGSといった技術は、XRアプリケーションで当たり前だった従来の3DCGレンダリングに一石を投じました。10年後のXRアプリにおける3次元物体の描画は、今とは大きく異なっているかもしれません。そんな変革の予感に、畏敬の念と期待を抱きながら、これからも技術の進化を楽しんでいきたいと思います。

Katagiri Keita

　2020年にNeRFが世に出て以降、自由視点画像生成の研究は飛躍的に加速し、画像品質だけでなく処理速度や編集能力も向上してきました。特に2023年のSIGGRAPHでBest Paperに輝いた3DGSは、高い画像品質で100FPS以上のリアルタイム処理が可能になりました。このように技術の進化は著しく速く、近い将来、映像制作やビデオゲームなどで広く社会実装される時代が来ると考えています。特に、メッシュベースでは困難だった繊細なディティールを表現できるRadiance Fieldsに

よって、現実と区別がつかないほどフォトリアルな世界をデジタル空間に構築することが可能になります。これにより、これまで体験したことがないほど深い没入感があるXRを味わうことができることでしょう。

さきやま

　今後、自由視点画像は、もはや「自由視点画像」と呼ばれることなく、誰もが当たり前に利用するものになるでしょう。私が自由視点画像の技術に興味を持ったのは、その表現の可能性に驚き、惹かれたことがきっかけです（専門は建築・都市計画で、別分野です）。私は、今後この技術が広く普及し、誰もが当たり前に使えるようになることを願っており、そのための助けができればと思っています。そして、これらの技術から生まれる面白い文化やコンテンツを大いに楽しみたいと思っています。

　これから自由視点画像を学ぶ若者たちには、（専門外の立場からではありますが）この技術を大いに楽しんでほしいし、触れてみたら、どんどん発信してほしいなと思っています。わからないことがあったら、気軽に質問してください。何でも構いません。答えられるかはわかりませんが、できる限りお答えしますので。

さくたま

　私は、表現の可能性を広げるようなクリエイティブツールに興味があって勉強を始めました。NeRFや3DGSも3DCGモデリングができない人がARやVRなどの3D表現をできるようになるのでは、という期待から勉強しています。実際、私がARやVRなどの3Dコンテンツを作るときには、LumaAIなどで得たメッシュを活用しています。まだまだ頂点数の削減や成形に時間はかかりますが、手軽になっていくのを楽しみにしています。また、2023年のAdobe MAX Sneaks(Adobe Researchのプロトタイプ紹介プレゼン)で、NeRFの関連技術を使って別撮りされた人の映像と背景の映像を自然に合成する"Project Scene Change"というプロジェクトが紹介されています。前は「魔法のステージ」だと思っていたSneaksで、少し裏側の仕組みを想像できるようになったことを嬉しく思いました。将来的に私個人も何かの形で人の表現の可能性を広げる一助になれるよう、勉強とものづくりを続けていきたいです。

著者紹介

岩﨑 謙汰 （いわさき けんた）

2018年サイバーエージェントに新卒入社し、VTuber撮影システムや3DCG合成撮影システムの開発、HoloLensプレゼンの開発、メタバース空間の実装に携わる。趣味はXRコミュニティマネージャー。Microsoft MVPを2021年11月に受賞。技術好き学生支援コミュニティIwaken Lab.を主宰。

﨑山皓平 （さきやま こうへい）

株式会社パスコにて、3次元データなどの新たな地理空間情報を活用し、行政サービスや民間サービスのＤＸ推進に向けた検討を実施している。
個人活動では「さきやま」として、XRに関わるイベントに参加したり、イベントの運営を行ったりしている。

片桐 敬太 （かたぎり けいた）

大学時代からXRを研究し、新卒で株式会社リコーへ入社後、ARの車載ディスプレイ（Head-Up Display）やテレプレゼンスロボットの研究開発に携わる。その後、株式会社サイバーエージェントにてNeRFなど自由視点画像生成の社会実装に取り組む。

進士 さくら （しんじ さくら）

慶應義塾大学大学院理工学研究科にて、文化財の操作をXR環境で擬似体験する研究をしている。個人活動では「さくたま」として、「ARドラム」パフォーマンスをはじめとしたXRによる新たな音楽表現・体験を模索している。

Aster （あすたー）

新たな次元の魅力を紡ぐXRエンジニア。誰もが魅了される体験を追求しているAsterです。最新のNeRF技術や使い方のコツなど、NeRFに関する情報を発信しています。

◎本書スタッフ
アートディレクター/装丁：岡田章志＋GY
編集協力：山部沙織
ディレクター：栗原 翔
〈表紙イラスト〉
湊川 あい （みなとがわ あい）
フリーランスのWebデザイナー・漫画家・イラストレーター。マンガと図解で、技術をわかりやすく伝えることが好き。著書『わかばちゃんと学ぶ Webサイト制作の基本』『わかばちゃんと学ぶ Git使い方入門』『わかばちゃんと学ぶ Googleアナリティクス』が全国の書店にて発売中のほか、動画学習サービスSchooにてGit入門授業の講師も担当。マンガでわかるGit・マンガでわかるDocker・マンガでわかるUnityといった分野横断的なコンテンツを展開している。
Webサイト：マンガでわかるWebデザイン http://webdesign-manga.com/
X：@llminatoll

技術の泉シリーズ・刊行によせて
技術者の知見のアウトプットである技術同人誌は、急速に認知度を高めています。インプレス NextPublishingは国内最大級の即売会「技術書典」（https://techbookfest.org/）で頒布された技術同人誌を底本とした商業書籍を2016年より刊行し、これらを中心とした『技術書典シリーズ』を展開してきました。2019年4月、より幅広い技術同人誌を対象とし、最新の知見を発信するために『技術の泉シリーズ』へリニューアルしました。今後は「技術書典」をはじめとした各種即売会や、勉強会・LT会などで頒布された技術同人誌を底本とした商業書籍を刊行し、技術同人誌の普及と発展に貢献することを目指します。エンジニアの"知の結晶"である技術同人誌の世界に、より多くの方が触れていただくきっかけになれば幸いです。

インプレス NextPublishing
技術の泉シリーズ　編集長　山城 敬

●お断り
掲載したURLは2024年9月1日現在のものです。サイトの都合で変更されることがあります。また、電子版ではURLにハイパーリンクを設定していますが、端末やビューアー、リンク先のファイルタイプによっては表示されないことがあります。あらかじめご了承ください。
●本書の内容についてのお問い合わせ先

株式会社インプレス
インプレス NextPublishing　メール窓口
np-info@impress.co.jp
お問い合わせの際は、書名、ISBN、お名前、お電話番号、メールアドレス に加えて、「該当するページ」と「具体的なご質問内容」「お使いの動作環境」を必ずご明記ください。なお、本書の範囲を超えるご質問にはお答えできないのでご了承ください。
電話やFAXでのご質問には対応しておりません。また、封書でのお問い合わせは回答までに日数をいただく場合があります。あらかじめご了承ください。

●落丁・乱丁本はお手数ですが、インプレスカスタマーセンターまでお送りください。送料弊社負担にてお取り替えさせていただきます。但し、古書店で購入されたものについてはお取り替えできません。
■読者の窓口
インプレスカスタマーセンター
〒 101-0051
東京都千代田区神田神保町一丁目 105番地
info@impress.co.jp

技術の泉シリーズ

はじめてのNeRF・3DGS
基礎から応用までの実践ガイド

2024年10月18日　初版発行Ver.1.0（PDF版）

著　者　　岩﨑 謙汰,﨑山 皓平,片桐 敬太,進士 さくら,Aster
編集人　　山城 敬
企画・編集　合同会社技術の泉出版
発行人　　髙橋 隆志
発　行　　インプレス NextPublishing
　　　　　〒101-0051
　　　　　東京都千代田区神田神保町一丁目105番地
　　　　　https://nextpublishing.jp/
販　売　　株式会社インプレス
　　　　　〒101-0051　東京都千代田区神田神保町一丁目105番地

●本書は著作権法上の保護を受けています。本書の一部あるいは全部について株式会社インプレスから文書による許諾を得ずに、いかなる方法においても無断で複写、複製することは禁じられています。

©2024 Kenta Iwasaki,Kohei Sakiyama,Keita Katagiri,Sakura Shinji,Aster. All rights reserved.
印刷・製本　京葉流通倉庫株式会社
Printed in Japan

ISBN978-4-295-60256-9

●インプレス NextPublishingは、株式会社インプレスR&Dが開発したデジタルファースト型の出版モデルを承継し、幅広い出版企画を電子書籍＋オンデマンドによりスピーディで持続可能な形で実現しています。https://nextpublishing.jp/